中国电子学会全国青少年软件编程等级考试
Python 编程五至六级推荐用书

爱上编程
Programming

Python

编程入门与算法进阶

Python 编程
五至六级

宋顺南 / 主编

李梦军 杨晋 / 副主编

人民邮电出版社

北京

图书在版编目（CIP）数据

Python 编程入门与算法进阶：Python 编程五至六级 /
宋顺南主编. -- 北京：人民邮电出版社，2024.
（爱上编程）. -- ISBN 978-7-115-65196-9

Ⅰ. TP311.561-49

中国国家版本馆 CIP 数据核字第 20246U3A01 号

内 容 提 要

Python 简单易学，是一种非常适合零基础编程人员学习算法与编程的高级程序设计语言。

本书是中国电子学会全国青少年软件编程等级考试 Python 编程五至六级的推荐用书，基于 Python 自带的集成开发工具 IDLE 3.5.2 版本，对应每级考试要求讲解知识要点。

本书能够指导广大青少年学习者了解并掌握 Python 编程技巧，培养他们用 Python 编程解决生活中实际问题的能力。

◆ 主　　编　宋顺南
　　副主编　李梦军　杨　晋
　　责任编辑　张　毓
　　责任印制　马振武

◆ 人民邮电出版社出版发行　　北京市丰台区成寿寺路 11 号
　　邮编　100164　电子邮件　315@ptpress.com.cn
　　网址　https://www.ptpress.com.cn
　　北京捷迅佳彩印刷有限公司印刷

◆ 开本：787×1092　1/16
　　印张：12.5　　　　　　　　2024 年 11 月第 1 版
　　字数：217 千字　　　　　　2024 年 11 月北京第 1 次印刷

定价：99.80 元

读者服务热线：(010)53913866　印装质量热线：(010)81055316
反盗版热线：(010)81055315
广告经营许可证：京东市监广登字 20170147 号

编委会

前　言

　　国务院印发的《新一代人工智能发展规划》中明确指出，人工智能成为国际竞争的新焦点，应实施全民智能教育项目，在中小学阶段设置人工智能相关课程，逐步推广编程教育，建设人工智能学科，重视复合型人才培养，形成我国人工智能人才高地。而在人工智能普及教育工作中，通过学习软件编程去了解和掌握算法非常重要。

　　全国青少年软件编程等级考试是中国电子学会于 2018 年启动的面向青少年软件编程能力水平的社会化评价项目。全国青少年软件编程等级考试的考试内容包括图形化编程和代码编程（以 C/C++ 和 Python 为主），本书重点面向 Python 编程。

　　Python 是一种面向对象的解释型的脚本语言，也是一种功能强大而完善的通用型语言。Python 由吉多·范罗苏姆（Guido van Rossum）于 1989 年出于某种娱乐目的而开发。Python 语言是基于 ABC 教学语言的，而 ABC 这种语言非常强大，是专门为非专业程序员设计的。但 ABC 语言并没有获得广泛的应用，吉多认为这是其非开放性造成的。Python 上手非常简便，它的语法非常像自然语言，对非软件专业人士而言，选择 Python 进行学习的成本最低。

　　本书深入浅出地阐述了全国青少年软件编程等级考试（简称"等级考试"）Python 编程五至六级的详细知识条目。

　　五级的考核要求包括全面掌握与熟练应用 Python 语言的核心数据类型，具体是列表、元组、字符串、range、字典和集合类型；掌握列表推导式、生成器推导式、序列解包、切片的使用方法；掌握常用标准库的功能与用法；掌握常用第三方模块的获取与使用。

　　六级的考核要求包括利用 Python 语言进行初步的数据处理，掌握基本数据可视化操作方法与简单的数据库编程；初步掌握类与对象的使用；能够进行简单的图形用户界面（GUI）设计编程。

本书从软件编程所需要的知识和技能出发，引导机构及企业等组织根据当地编程教育普及情况，培养青少年的 Python 编程能力，进而激发和培养青少年学习编程技术的热情和兴趣，让青少年能够掌握 Python 编程的相关知识和操作能力，熟悉编程的各项基础知识和理论框架，为后期学习大数据处理与人工智能编程等专业化编程打下良好基础。

本书为全国青少年软件编程等级考试 Python 编程五至六级的推荐用书。希望本书能够有针对性地帮助大家参与全国青少年软件编程等级考试。

最后，感谢现在正捧着这本书的你，感谢你愿意花费时间和精力阅读本书。本书读者交流 QQ 群号为 470279717。由于编写仓促，书中难免存在疏漏与不妥之处，诚恳地请你批评指正，你的意见和建议将是我们完善本书的动力。我们更希望等级考试不是目的，而是学生发展兴趣和验证能力的阶梯。愿每个孩子都能通过本书收获成长，收获能力，收获快乐。

中国电子学会

2024 年 7 月

目　录

全国青少年软件编程等级考试 Python 编程五级

全国青少年软件编程等级考试 Python 编程六级

全国青少年软件编程等级考试
Python 编程
五级

全国青少年软件编程等级考试 Python 编程五级标准

一、考试标准

（1）掌握字符串的转义字符、format() 格式化方法。

（2）掌握列表、元组、字符串、range 类型的用法及常用操作。

（3）理解字典类型的概念，掌握它的基础用法及操作。

（4）理解集合类型的概念，掌握它的基础用法及操作。

（5）掌握列表推导式、生成器推导式、序列解包、切片的使用方法。

（6）知道常用标准库的功能与用法，掌握 math、random、time、datetime、PyInstaller、jieba、wordcloud 这些模块的功能与使用方法。

（7）能够使用上述方法编写具有指定功能的正确完整的程序。

二、考核目标

考核学生对 Python 语言的核心数据类型的掌握程度与应用能力，具体包括字符串、列表、元组、range、字典和集合类型。考核学生对列表推导式、生成器推导式、序列解包和切片的掌握。考核学生对常用标准库的功能与用法的掌握。

三、能力目标

通过本级考试的学生，能够掌握 Python 语言的基础语法，掌握常用标准库的功能与用法，熟练掌握 Python 语言的核心数据类型，可以用编程解决实际问题。

四、知识块

知识块思维导图（五级）

五、知识点描述

编号	知识块	知识点
1	列表的用法及常用操作	掌握列表的概念和特点、列表操作的相关方法、列表推导式的使用方法
2	元组的用法及常用操作	掌握元组的概念和特点、元组操作的相关方法、生成器推导式的使用方法
3	字符串的转义、格式化及常用操作	掌握字符串的转义、格式化方法，掌握字符串这种数据类型的常用操作
4	range 类型的用法及常用操作	掌握 range 类型的概念和特点、range 类型操作的相关方法
5	字典类型的用法及常用操作	掌握字典类型的概念和特点、字典类型操作的相关方法
6	集合类型的用法及常用操作	掌握集合类型的概念和特点、集合类型操作的相关方法
7	序列解包的运用	掌握序列解包的使用方法
8	常用标准库的应用	掌握 math、random、time、datetime、PyInstaller、jieba 和 wordcloud 的功能与使用方法

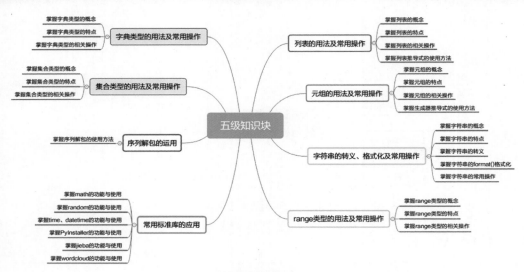

知识点思维导图（五级）

六、题型配比及分值

知识体系	单选题	判断题	编程题
列表的用法及常用操作（16 分）	8 分	2 分	6 分
元组的用法及常用操作（10 分）	4 分	2 分	4 分
字符串的转义、格式化及常用操作（18 分）	8 分	4 分	6 分
range 类型的用法及常用操作（14 分）	8 分	2 分	4 分
字典类型的用法及常用操作（10 分）	4 分	2 分	4 分
集合类型的用法及常用操作（10 分）	4 分	4 分	2 分
序列解包的运用（12 分）	6 分	2 分	4 分
常用标准库的应用（10 分）	8 分	2 分	0 分
分值	50 分	20 分	30 分
题数	25 道	10 道	3 道

第 1 章 列表的用法及常用操作

1.1 学习要点

（1）列表的概念；

（2）列表的创建；

（3）列表的删除；

（4）map()、zip() 对列表的操作；

（5）列表推导式。

1.2 对标内容

掌握列表的概念、特点和操作的相关方法。

1.3 情景导入

　　酒店里的菜谱中有多道不同品种的菜，每一道菜品又有许多属性，比如口味、质量、售价、剩余数量等。随着季节的变化，菜的品种会有所调整，有新增加的菜品，也有下架的菜品。这种菜谱类似于 Python 中的"列表"。在 Python 中，我们使用列表数据类型来组织数据与处理数据会比较方便。

 1.4 列表的概念

列表属于线性序列结构，是包含若干元素的有序连续内存空间，当列表增加或删除元素时，列表对象自动进行内存的扩展或收缩，从而保证相邻元素之间没有缝隙。列表的这种内存自动管理功能可以大幅减少程序员的工作，但插入和删除中间元素时涉及列表中大量元素的移动，严重影响效率。另外，在中间位置插入和删除元素时，会改变该位置后面的元素在列表中的索引，这可能会对有些操作造成意外的错误结果。因此，除非确实有必要，否则应尽量从列表尾部进行元素的追加与删除操作。

1.4.1 知识点详解

1. 列表的定界符[]和类型名称list

可以用一对中括号声明一个列表，列表中的元素用逗号分隔。用内置函数 type() 检测其类型为 list，示例如下。

```
>>> l=[3,2,5]
>>> m=[]
>>> n=["老李",3.14,3,2,5]
>>> type(l)
<class 'list'>
>>> type(m)
<class 'list'>
>>> type(n)
<class 'list'>
```

2. 具有可变性与有序性

列表支持原位改变，其中的元素在列表中具有索引，示例如下。

```
>>> n[0]="老王"
>>> n
['老王', 3.14, 3, 2, 5]
>>> n[:2]=["张三",8]
>>> n
['张三', 8, 3, 2, 5]
```

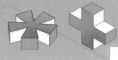

```
>>> n[::-1]
[5, 2, 3, 8, '张三']
```

3. 对元素类型与值没有限制要求

在 Python 中，同一个列表中元素的数据类型可以各不相同，列表可以同时包含整数、实数、字符串等基本类型的元素，也可以包含列表、元组、字典、集合、函数及其他任意对象，示例如下。

```
>>> n[0]=[7,8]
>>> n[1]=(7,8)
>>> n[2]={7,8}
>>> n
[[7, 8], (7, 8), {8, 7}, 2, 5]
```

以酒店菜谱为例讲解数据的表示及简单处理。例如，可以用列表 caipu 表示所有菜品。

```
caipu=["鸡米花","豆腐鱼","炒牛肉","滑口千张","小海鲜","空心菜","五谷丰登","鸿运当头","臭豆腐","臭鳜鱼"]
```

每一道菜品有许多属性，如口味、质量、售价、剩余数量等，我们可以用二维列表来表示。新增加的菜品，可以用原位赋值或 append() 方法模拟；下架的菜品，可以用多种删除列表元素的方法执行，操作均比较方便。

1.4.2　易错点

（1）如果列表元素间不能比较，使用 max() 与 min() 函数将会报错，示例如下。

```
>>> l=[3,4,"2","lining"]
>>> max(l)
Traceback (most recent call last):
  File "<pyshell#1>", line 1, in <module>
    max(l)
TypeError: '>' not supported between instances of 'str' and 'int'
```

（2）在删除列表元素的许多方法中，注意区分是按照"索引号"删除，还是按照"值"删除，示例如下。

```
>>> l=[3,5,7,9,11,12]
>>> del l[3]
```

```
>>> l
[3, 5, 7, 11, 12]
>>> l.remove(3)
>>> l
[5, 7, 11, 12]
>>> l.pop()
12
>>> l.pop(0)
5
```

1.4.3 考题模拟

例 1 单选题

下列有关列表的描述中，错误的是（ ）。

A. 列表的相邻元素之间使用逗号分隔

B. 列表是包含若干元素的有序且连续的内存空间

C. 列表类型继承序列类型的特点

D. 如果列表元素间不能比较，仍然可以使用 max() 函数

答案：D

解析：如果列表元素间不能比较，使用 max() 与 min() 函数将会报错，故选 D。

例 2 单选题

删除列表元素的方法有许多，下列不能删除列表中元素的操作是（ ）。

A. l.reverse()　　　B. l.pop()　　　C. l.remove()　　　D. l.clear()

答案：A

解析：l.reverse() 会将 l 中的元素反转。

例 3 单选题

有如下 Python 程序段：

```
c=[5,3,5,8,2,7,6]
c.pop(5)
c.remove(5)
print(c)
```

则程序执行后，输出结果为（ ）。

A. [3, 8, 2, 7, 6]　　　B. [5, 3, 8, 7, 6]

C. [3, 5, 8, 2, 6]　　　D. [5, 3, 8, 2, 6]

答案：C

解析：本题主要考核列表函数 pop() 和 remove() 的应用和区别。

例 4 判断题

通过 add 方法可以向列表添加元素。（　　）

答案：错误

解析：在 Python 列表中没有 add 方法。

 ## 1.5 列表的创建

1.5.1 知识点详解

在 Python 中，使用"="直接将一个列表赋值给变量，即可创建列表对象；也可以使用 list() 函数把元组、range、字符串、字典、集合或其他可迭代对象转换为列表，示例如下。

```
>>> list((1,2,3))
[1, 2, 3]
>>> list(range(3))
[0, 1, 2]
>>> list('nihao!')
['n', 'i', 'h', 'a', 'o', '!']
>>> list({1,2,3})
[1, 2, 3]
```

需要注意的是，把字典转换为列表时，默认将字典的键转换为列表，而不是把字典的元素转换为列表。如果想把字典的元素转换为列表，需要使用字典对象的 items() 方法明确说明。也可以使用 values() 来明确说明要把字典的值转换为列表，示例如下。

```
>>> list({'a':1,'b':2,'c':3})
['a', 'b', 'c']
>>> list({'a':1,'b':2,'c':3}.items())
[('a', 1), ('b', 2), ('c', 3)]
>>> list({'a':1,'b':2,'c':3}.values())
[1, 2, 3]
```

1.5.2 易错点

（1）正确理解列表属于线性序列结构，是包含若干元素的有序连续内存空间。

（2）正确理解函数 sorted() 与方法 sort() 的运行本质。

1.5.3 考题模拟

例 1 单选题

下列有关列表的描述中，错误的是（　　）。

A. 列表是包含若干元素的随机内存空间

B. 列表是包含若干元素的有序内存空间

C. 列表是包含若干元素的连续内存空间

D. 列表的相邻元素之间使用逗号分隔

答案：A

解析：列表是包含若干元素的有序连续内存空间，故选 A。

例 2 单选题

执行下列程序，正确的结果是（　　）。

```
>>> l=[10,0,1,6,12,8]
>>> l.sort(key=float)
>>> l
```

A. [10.0,0.0,1.0,6.0,12.0,8.0]　　　　B. [0,1,10,12,6,8]

C. [0,1,6,8,10,12]　　　　D. [12,10,8,6,1,0]

答案：C

解析：对 l 进行升序排序，排序的关键依据是"float"；如果执行 l.sort(key=str)，则运行结果是 B。

例 3 判断题

对于列表 l=[(0,),1,2,3,4]，all(l) 的值是 True。（　　）

答案：正确

解析：all(l) 测试是否所有元素都等价于 True。(0,) 是非空的。

 1.6 列表的删除

1.6.1　知识点详解

当一个列表不再使用时，可以使用 del 命令将其删除，这一点适用于所有类型的 Python 对象。本质上 del 命令并不删除变量对应的值，只是删除变量，并解除变量和值的绑定。

垃圾回收机制：Python 内部每个值配备一个计数器，每当有新的变量引用该值时，其计数器加 1，当该变量被删除或该值不再被引用时，其计数器减 1。当某个值的计数器变为 0 时，由垃圾回收器清理和删除。

1.6.2　易错点

（1）删除列表元素的方法或函数较多，留意是否有返回值。

（2）对列表元素进行原位改变时，关注索引的变化。

1.6.3　考题模拟

例 1　单选题

对于列表的方法 pop() 与 remove() 的区别与相同点，正确的描述是（　　）。

A. 都是删除与参数表中参数相同的元素

B. pop() 没有返回值

C. remove() 没有返回值

D. pop() 如果不带参数，则表示默认参数值为 0

答案：C

解析：pop() 如果不带参数，则表示默认参数值为 −1，pop() 有返回值；remove() 没有返回值。

例 2　单选题

已知一个列表 lis = [5, 8, 'x', ['yy', 202, ['k3', ['aa', 2, '5']], 78], 'ca', 'sdv']。下列选项中不能把列表 lis 中 'aa' 字符串变为大写 'AA' 字符串的是（　　）。

A. lis[3][2][1][:1] = ['AA']

B. lis[3][2][1][0] = lis[3][2][1][0].upper()

C. lis[-3][-2][-1][0] = "AA"

D. lis[-3][-2][-1][0].upper()

答案：D

解析：考查列表的嵌套及列表中大小写转换函数的应用。D 选项没有进行赋值操作，故不能将列表中 'aa' 字符串变为大写 'AA' 字符串。

例 3 判断题

在 Python 的列表数据类型中，通过 insert() 方法可以在指定位置插入元素。（　　）

答案：正确

解析：列表的插入操作，insert() 有两个参数，第一个参数表示插入的索引，第二个参数表示要插入的元素，后面的所有元素往后移动一个位置。

 ## 1.7 map()、zip() 对列表的操作

1.7.1 知识点详解

map() 函数把函数映射到列表中的每个元素。zip() 函数将多个列表中的元素重新组合为元组，并返回包含这些元组的 zip 对象。

下列操作，实现对列表 x 中的每个元素加 5。

```
>>> x=[2,3,4]
>>> list(map(lambda i:i+5,x))
[7, 8, 9]
```

下列操作，实现多列表元素重新组合。如果列表不等长，以短列表为准。如果仅有一个序列，可以仅对一个序列操作。

```
>>> list(zip(x,[1]*5))
[(2, 1), (3, 1), (4, 1)]
>>> list(zip(['a','b','c'],[1,2]))
[('a', 1), ('b', 2)]
>>> list(zip(range(3)))
[(0,), (1,), (2,)]
```

1.7.2 易错点

（1）map() 函数把某一个函数映射到列表中的每个元素，这个函数可以是内置函数，可以是自定义函数，也可以是匿名函数。

（2）zip() 函数用于将多个列表中的元素重新组合为元组，列表不等长，以短列表为准。结果是元组类型。

1.7.3 考题模拟

例 1　单选题

有如下 Python 程序段：

```
x=['bike','car','bus','train']
print(list(map(len, x)))
```

执行程序后，输出的结果为（　　）。

A. [0, 1, 2,3]　　　　　　B. [1, 2, 3, 4]

C. [4, 3, 3, 5]　　　　　　D. [4, 3, 3, 4]

答案：C

解析：本题主要考核 map() 函数对列表的操作，map() 函数将函数映射到列表中的每个元素。

例 2　单选题

有如下 Python 程序段：

```
letter=list({'a':1,'b':2,'c':3,'d':4})
print(letter)
```

执行程序后，输出的结果为（　　）。

A. [1, 2, 3, 4]　　　　　　B. ['a', 'b', 'c', 'd']

C. ['a', 1,'b',2, 'c', 3,'d',4]　　　　D. ['a':1,'b':2,'c':3,'d':4]

答案：B

解析：本题主要考核用 list() 函数创建列表，把字典转换为列表时，默认将字典的键转换为列表，所以选 B。

例 3　判断题

```
>>>sub=[' 语文 ',' 数学 ',' 英语 ',' 科学 ',' 思品 ',' 体育 ']
```

```
>>>score=[105,97,156,105,72]
>>>list(zip(sub,score))
```

结果是：[(' 语文 ', 105), (' 数学 ', 97), (' 英语 ', 156), (' 科学 ', 105), (' 思品 ', 72)]。（　　）

答案：正确

解析：考核 zip() 函数对列表的操作，zip() 函数用于将多个列表中的元素重新组合为元组，列表不等长，以短列表为准。

 1.8 列表推导式

1.8.1 知识点详解

列表推导式也被称为列表解析式，可以使用非常简洁的方式对列表或其他可迭代对象的元素进行遍历、过滤或再次计算，快速生成满足特定需求的新列表，代码简洁，具有很强的可读性，列表推导式是推荐使用的一种技术。

列表推导式在逻辑上等价于一个循环语句，只是形式上更加简洁。

例如：

```
>>> lis=[i*i for i in range(3)]
>>> lis
[0, 1, 4]
```

等价于

```
>>> for i in range(3):
    lis.append(i*i)
>>> lis
[0, 1, 4]
```

本例也可以利用 Python 函数式编程的特点，使用 map() 函数实现同样的功能。

```
>>> lis=list(map(lambda i:i*i,range(3)))
>>> lis
[0, 1, 4]
```

1.8.2　易错点

Python 编程中，我们经常会将多个变量赋值语句写在一行里面，这种写法是同一行显示多条语句的情况，也要使用分号（；）将不同语句隔开，并且要注意分号必须是半角符号。

1.8.3　考题模拟

例 1　单选题

m=[x*x for x in range(5)] 的结果的是（　　）。

A. 25　　　　　B. 16　　　　　C. [0, 1, 4, 9, 16]　　　　D. (0, 1, 4, 9, 16)

答案：C

解析：对 range(5) 的每个元素分别进行平方运算后组成新的列表。故 C 项正确。

例 2　单选题

求 1~100 之内能被 4 整除，但是不能被 5 整除的所有数，正确的列表推导式是（　　）。

A. print([for x in range(0, 100) if x % 4 == 0 and x % 5 != 0])

B. print([for x in range(1, 101) if x % 4 == 0 and x % 5 != 0])

C. print([x for x in range(0, 100) if x % 5 == 0 and x % 4 != 0])

D. print([x for x in range(1, 101) if x % 4 == 0 and x % 5 != 0])

答案：D

解析：考核列表推导式的应用。for x in range(1，101) 体现"1~100 之内"，x % 4 == 0 体现"能被 4 整除"，x % 5 != 0 体现"不能被 5 整除"。

例 3　单选题

下列程序的运行结果是（　　）。

```
def jishu(n):
    return n % 2 == 1
newlist = filter(jishu, [1, 2, 3, 4, 5, 6, 7, 8, 9, 10])
n=list(newlist)
print(n)
```

A. [2,4,6,8,10]　　　　　　　　　B. [1,3,5,7,9]

C. [1,2,3,4,5,6,7,8,9,10]　　　　D. [10,9,8,7,6,5,4,3,2,1]

答案：B

解析：使用 filter() 过滤出符合自定义函数 jishu() 的元素，组成新列表。故选 B 项。

例 4 判断题

```
>>> l=[x*x for x in range(6)]
>>> l=list(map(lambda x:x*x,range(6)))
```

以上两个语句的功能不可能等价。（　　）

答案：错误

解析：两个语句的功能是等价的，实现对 range(6) 的每个元素分别进行平方运算后组成新的列表。

第2章 元组的用法及常用操作

2.1 学习要点

（1）元组的概念；
（2）生成器推导式的概念。

2.2 对标内容

（1）掌握元组的概念、特点和操作的相关方法；
（2）掌握生成器推导式的使用方法。

2.3 情景导入

在现实世界里，存在着许多在一定时期内不变的数据，比如兄弟三人的生日数据、运动员的比赛成绩、我国的所有省份名等，请大家列举生活中相对不变的数据例子。对于这种情况，在 Python 中，我们使用"元组"数据类型来组织数据和处理数据会比较方便，而且更加高效。

2.4 元组的概念

元组属于线性序列结构，是包含若干元素的有序连续内存空间。元组是轻量级的列表，在形式上，元组的所有元素放在一对小括号中，元素之间使用逗号分

隔，如果元组中只有一个元素，则必须在最后增加一个逗号。元组不能够增加或删除元素，因此元素个数固定，不涉及元素的移动，处理数据的效率比列表高。

2.4.1 知识点详解

1. 元组的定界符()和类型名称tuple

可以用一对小括号声明一个元组，也可以不用括号直接声明一个元组。元组中的元素用逗号分隔。用内置函数 type() 检测其类型为 tuple，示例如下。

```
>>> t=()
>>> type(t)
<class 'tuple'>
>>> t=(1,2,3)
>>> t
(1,2,3)
>>> type(t)
<class 'tuple'>
>>> t=1,2,3
>>> type(t)
<class 'tuple'>
>>> t=1
>>> type(t)
<class 'tuple'>
```

2. 具有不可变性与有序性

元组不支持原位改变，其中的元素在元组中具有索引，示例如下。

```
>>> t=1,2,3
>>> t[0]
1
>>> t[-1]
3
>>> t[0]=8
Traceback (most recent call last):
  File "<pyshell#12>", line 1, in <module>
    t[0]=8
TypeError: 'tuple' object does not support item assignment
```

3. 对元素类型与值没有限制要求

在 Python 中，同一个元组中元素的数据类型可以各不相同，元组可以同时包含整数、实数、字符串等基本类型的元素，也可以包含列表、元组、字典、集合、函数及其他任意对象，示例如下。

```
>>> t=(3,3.14,"zhang",(2,3),{"a":2})
>>> t
(3,3.14,'zhang',(2,3),{'a':2})
```

元组属于不可变序列，其元素的值是不可改变的，但元组中可包含可变序列元素，示例如下。

```
>>> t=([1,2],3)
>>> t[0][0]=4
>>> t
([4, 2], 3)
>>> t[0].append(6)
>>> t
([4, 2, 6], 3)
```

2.4.2 易错点

（1）元组元素的值是不可改变的，但元组中可包含可变序列元素。由这个知识点拓展的相关题目容易出错。

例如元组不支持原位改变，否则会报错，示例如下。

```
>>> t
([4, 2, 6], 3)
>>> t[0]=t[0]+[9]   #这里对t[0]进行原位改变了
Traceback (most recent call last):
  File "<pyshell#6>", line 1, in <module>
    t[0]=t[0]+[9]
TypeError: 'tuple' object does not support item assignment
>>>
```

（2）理解用变通的方法实现元组的"原位改变"。

2.4.3 考题模拟

例1 单选题

下列操作中，正确的为哪一项？（　　）

A. >>>tuple('ni hao')　　　　　　B. >>>tuple(range(3))
　　>>>('ni','hao')　　　　　　　　　>>>(0,1,2)

C. >>>tuple(str,range(3))　　　　D. >>>tuple(map(str,range(3)))
　　>>>(0,1,2)　　　　　　　　　　　>>>(0,1,2)

答案：B

解析：B 项用 tuple() 函数正确声明了一个元组。

例2 单选题

下列元组的声明中，非法的是（　　）。

A. t=1,2,3　　　　　B. t=(1,2,3)　　　　C. t=(1,)　　　　D. t=(1)

答案：D

解析：声明一个元组，可以有小括号组织元素，也可以没有小括号组织元素。如果只有一个元素，其后面必须跟随逗号。故 D 项非法。

例3 单选题

有如下程序，请问此程序的执行结果是（　　）。

```
tup1 = (12,'bc',34,'cd')
tup1[1] = 23
print(tup1[3])
```

A. cd　　　　　　B. 12　　　　　C. 34　　　　　　D. 程序出现错误

答案：D

解析：元组的元素不可修改。

例4 判断题

Python 中如果 x,y,z=map(str,range(3))，那么 y=1。（　　）

答案：错误

解析：y= '1'。

2.5　生成器推导式

2.5.1　知识点详解

　　生成器推导式的用法与列表推导式相似。它使用小括号作为定界符。生成器推导式与列表推导式最大的不同是它的结果是一个生成器对象。生成器对象类似于迭代器对象，具有惰性求值的特点，比列表推导式更高效，空间占用少。使用生成器对象的元素时，可以将其转换为列表或元组，也可以使用生成器对象的__next__()方法或next()函数进行遍历，或者直接使用for循环来遍历其中的元素。但是不管用哪种方法，都只能从前往后正方向访问其中的元素，没有任何方法可以再次访问已访问过的元素，也不支持使用索引访问其中的元素。

　　例1：

```
>>> t=((i+2)**2 for i in range(3))#创建生成器对象
>>> t
<generator object <genexpr> at 0x000001CADAFA08C8>
>>> tuple(t)
(4, 9, 16)
>>> list(t)#遍历结束，无元素
[]
```

　　例2：

```
>>> t=((i+2)**2 for i in range(3))
>>> t.__next__()
4
>>> t.__next__()
9
>>> next(t)
16
```

　　例3：

```
>>> t=((i+2)**2 for i in range(3))
>>> for i in t:
  print(i,end=" ")
4 9 16
```

例 4：

```
>>> t=map(str,range(3))#map 对象也具有类似特点
>>> '0' in t
True
>>> '0' in t
False
```

2.5.2 易错点

（1）注意生成器推导式与列表推导式的相同点与不同点。

（2）比较生成器推导式与 map() 函数执行的结果。

2.5.3 考题模拟

例 1 单选题

计算 1~100 的完全平方数，正确的生成器推导式是（　　）。

A. square = (x**2 for x in range(10))

B. square = (x**2 for x in range(11))

C. square = (x**2 for x in range(1,11))

D. square = [x**2 for x in range(1,10)]

答案：C

解析：A 项产生 0~81 的完全平方数，B 项产生 0~100 的完全平方数，D 项产生 1~81 的完全平方数，C 项产生 1~100 的完全平方数，故选 C。

例 2 判断题

```
a = (x for x in range(11) if x%2==0)
```

以上语句是创建一个 0~10 的偶数的生成器推导式。（　　）

答案：正确

解析：创建了 0、2、4、6、8、10 的生成器推导式，访问过某个元素，这个元素就在生成器中消失。

例 3 判断题

```
>>>tuple(zip("abcd",range(3)))
```

返回一个元组结果。（　　）

答案：正确

解析：程序返回的结果是 (('a', 0), ('b', 1), ('c', 2))。

第3章　字符串的转义、格式化及常用操作

 3.1 学习要点

（1）字符串的概念；

（2）字符串的转义字符；

（3）字符串的格式化；

（4）字符串的常用操作。

 3.2 对标内容

掌握字符串的相关概念及常用操作。

 3.3 情景导入

文本是主要的信息交流方式，文本显示也是电子设备最主要的人机交互方式。文本内容在计算机领域的专业称呼叫"字符串"。用 Python 编程处理字符串，主要涉及字符串的转义字符与格式化，经过处理的文本数据更有价值，输出格式符合特定的要求。

 3.4 字符串的概念

在 Python 中，字符串属于不可变有序序列。使用 1 对单引号、1 对双引号、

3对单引号或3对双引号作为定界符，并且不同的定界符之间可以互相嵌套。

除了支持序列通用操作（双向索引、大小比较、长度计算、元素访问、切片、成员测试等），字符串类型还支持一些特有的用法，如字符串格式化、查找、替换等，但由于字符串属于不可变序列，不能直接对字符串对象进行元素增加、修改与删除等操作，切片操作也只能访问其中的元素，而无法修改字符串中的字符。

3.4.1 知识点详解

1. 字符串的定界符 ''、" "、' ' ' ' ' '、" " " " " "和类型名称str

可以用任意一种定界符声明一个字符串，字符串中的元素不需要用逗号或其他符号分隔。用内置函数 type() 检测其类型为 str，示例如下。

```
>>> l='hello world!'
>>> type(l)
<class 'str'>
>>> l[0]
'h'
>>> l[-1]
'!'
```

2. 具有不可变性与有序性

字符串不支持原位改变，其中的元素在字符串中具有索引，示例如下。

```
>>> l='hello world!'
>>> l[0]='H'
Traceback (most recent call last):
  File "<pyshell#10>", line 1, in <module>
    l[0]='H'
TypeError: 'str' object does not support item assignment
```

3. 支持短字符串驻留机制

Python 支持短字符串驻留机制，不支持长字符串驻留机制。将短字符串赋值给多个不同的对象时，内存中只有一个副本，多个对象共享该副本。然而这一点并不适用于长字符串。

```
>>> a='1234'
>>> b='1234'
```

```
>>> id(a)==id(b)
True
>>> a='1234'*5000
>>> b='1234'*5000
>>> id(a)==id(b)
False
```

4. 支持中文字符

Python 3.x 版本完全支持中文字符，默认使用 UTF-8 编码格式，无论是一个数字、英文字母，还是一个汉字，都按一个字符处理。在 Python 3.x 版本中甚至可以使用中文作为变量名、函数名等标识符，但不建议这样做。

3.4.2 易错点

（1）在数字型的字符串中使用 max() 与 min() 函数时，注意以 ASCII（美国信息交换标准码）作为比较依据。max() 与 min() 函数的示例如下。

```
>>> max('123')> max('23')
False
>>> min('123')> min('23')
False
```

（2）字符串是不可变序列，在实际操作中，可以给字符串变量重新赋值，变相改变相应的元素的值。在字符串切片操作时，留意"空格"字符串。

3.4.3 考题模拟

例 1 单选题

str1=" 你是大英雄 "，执行下列哪个选项可以输出 " 雄英大是你 "（　　）

A. print((str1(0,0))　　　　　B. print(str1[::-1])

C. print(str1[0])　　　　　　D. print(str1[0:5])

答案：B

解析：题干要求实现字符串的翻转功能，故选 B。

例 2 单选题

现在有 str1="day day up up ."，请问 str1[5] 的值是（　　）？

A. d　　　　　B. a　　　　　C. day d　　　　　D. p

答案：B

解析：通过字符串的索引获取元素。

例 3 单选题

Python 表达式 "Hello"+"Python" 的值为（　　）。

A. "Hello"+"Python"　　　　　B."HelloPython"

C. Hello+Python　　　　　　D."Hello Python"

答案：B

解析：题干表达式实现字符串的连接操作。

例 4 判断题

回文指正读和反读都相同的字符序列，如 abba、abccba、12321、123321 是"回文"，abcde 和 ababab 则不是"回文"。 在数学中具备这种特征的数就叫作回文数。假设字符变量 a 中存放的是一个 3 位数，语句 a[-1:0:-1] 能取出字符变量 a 中的回文数。（　　）

答案：错误

解析：a[-1:0:-1] 不能取出字符变量 a 中的回文数。切片不包含终值"0"。

3.5 字符串的转义字符

3.5.1 知识点详解

转义字符是指在字符串中某些特定的符号前加一个斜杠，之后该字符将被解释为另一种含义，不再表示本来的字符。常用的转义字符见表 3-1。

表 3-1　常用的转义字符

转义字符	描述
\n	换行
\r	回车
\t	水平制表
\v	垂直制表
\\	一个斜杠
\'	单引号
\"	双引号
\ooo	3 位八进制对应的字符
\xhh	2 位十六进制对应的字符
\uhhhh	4 位十六进制对应的 Unicode（统一码）字符

示例如下。

```
>>> print('\102')
B
>>> print('\x48')
H
>>> print('\u4eba\u751f\u82e6\u77ed')
人生苦短
```

3.5.2 易错点

（1）\ooo、\xhh、\uhhhh 这 3 种转义情况不太常用，要关注其用法。

（2）留意转义字符与 print() 函数的结合使用。

3.5.3 考题模拟

例 1 单选题

赋值语句 path=r'c:\abc\xyz\tag.txt'，执行结果是（   ）。

A. path 的值是 'c:\abc\xyz\tag.txt'

B. path 的值是 'c:\bc\yz\ag.txt'

C. path 的值是 'c:\\abc\\xyz\\tag.txt'

D. 提示出错

答案：C

解析：\\ 转义一个斜杠，故选 C。

例 2 单选题

执行 print('\x65') 的结果是（   ）。

A. \x65   B. '\x65'   C. e   D. A

答案：C

解析：\xhh 是 2 位十六进制对应的字符，十六进制 65 转换为十进制数，对应的 ASCII 字符为"e"。

例 3 判断题

Python 语句 print(' 池塘里 ' \"快乐的歌唱家 \") 的输出结果是：池塘里"快乐的歌唱家"。（   ）

答案：错误

解析：语法错误，正确的语句可以是：print(' 池塘里 \" 快乐的歌唱家 \"')。

 ## 3.6 字符串的格式化

3.6.1 知识点详解

Python 中字符串的格式化有 % 格式化方法和 format() 格式化方法，% 格式化方法的常用符号见表 3-2。

表 3-2 % 格式化方法的常用符号

符号	转换格式
%s	采用 str() 显示的字符串
%c	单个字符
%b	二进制整数
%d	十进制整数
%o	八进制整数
%x	十六进制整数
%f	浮点数

示例如下。

```
>>> a=123
>>> s='%o'%a
>>> s
'173'
>>> s='%x'%a
>>> s
'7b'
>>> s='%s'%a
>>> s
'123'
```

str() 函数可以将任意类型转换为字符串，示例如下。

```
>>> str([1,2,3])
'[1, 2, 3]'
>>> str((1,2,3))
'(1, 2, 3)'
```

字符串的 format() 格式化方法示例如下。

```
>>> name='zhang'
>>> age=20
>>> job='teach'
>>> print('姓名: '+name+', 年龄: '+str(age)+', 工作: '+job)
姓名: zhang, 年龄: 20, 工作: teach
>>> '姓名: {0}, 年龄: {1}, 工作: {2}'.format(name,age,job)
'姓名: zhang, 年龄: 20, 工作: teach'
>>> '姓名: {}, 年龄: {}, 工作: {}'.format(name,age,job)
'姓名: zhang, 年龄: 20, 工作: teach'
>>> '姓名: {0}, 年龄: {1}, 工作: {2},{0}'.format(name,age,job)
'姓名: zhang, 年龄: 20, 工作: teach,zhang'
>>> '姓名: {0}, 年龄: {1}, 工作: {2}, 部门: {dep}'.format(name,age,job,
dep='tech')
'姓名: zhang, 年龄: 20, 工作: teach, 部门: tech'
>>> '{0}={1}'.format('兰溪教研',123.456)
'兰溪教研 =123.456'
>>> '{0:10}={1:10}'.format('兰溪教研',123.456)
'兰溪教研         =    123.456'
>>> '{0:>10}={1:<10}'.format('兰溪教研',123.456)
'        兰溪教研 =123.456     '
>>> '{},{},{}'.format(3.14159,3.14159,3.14159)
'3.14159,3.14159,3.14159'
>>> '{:f},{:.2f},{}'.format(3.14159,3.14159,3.14159)
'3.141590,3.14,3.14159'
>>> '{:f},{:.2f},{:06.2f}'.format(3.14159,3.14159,3.14159)
'3.141590,3.14,003.14'
>>> '{},{},{}'.format(230,230,230)
'230,230,230'
>>> '{:x},{:o},{:b}'.format(230,230,230)
'e6,346,11100110'
```

3.6.2 易错点

（1）str() 函数可以将任意类型转换为字符串，而不仅仅是将数字转换为数字字符串。

（2）字符串 format() 格式化方法是高频考点，必须强化训练。

3.6.3 考题模拟

例 1 单选题

运行下列程序，正确的结果是（　　）。

```
>>>print("{:06.2f}".format(3.1415926))
```

A. '003.14'　　　　　B. 003.14　　　　C. '3.14'　　　　D. 3.14

答案：B

解析：结果保留 2 位小数、6 位有效数字（Python 中小数点与数字前面的 0 都是有效数字）。

例 2 判断题

某 Python 程序段如下：

```
s = "Errors should never pass silently. "
d = {}
for ch in s:
if ch in d:
d[ch] += 1
else:
d[ch] = 1
print(d["e"])
```

运行该程序段，输出结果是 2。（　　）

答案：错误

解析：正确的输出结果是 3。

例 3 判断题

'{0:%}'.format(3.14) 返回 '3.140000%'；'{0:.2f}'.format(3.14) 返回 '3.14'。

（　　）

答案：错误

解析：'{0:%}'.format(3.14) 返回 '314.000000%'。

3.7 字符串的常用操作

3.7.1 知识点详解

1. find()、rfind()

find() 和 rfind() 方法分别用来查找一个字符串在另一个字符串指定范围中首次和最后一次出现的位置，如果不存在，则返回 -1，示例如下。

```
>>> s='nihao！'
>>> s.find('hao')
2
>>> s.rfind('a')
3
```

2. lower()、upper()、capitalize()、title()

lower() 和 upper() 方法分别用来将字符串中的字母转变为小写形式、大写形式，capitalize() 方法将字符串首字母变为大写形式，title() 方法将每个单词的首字母变为大写形式。

3. strip()、rstrip()、lstrip()

这些方法分别用来删除两端、右端和左端连续的空白字符或指定字符，示例如下。

```
>>> s='  abc  '
>>> s1=s.strip()
>>> s1
'abc'
>>> s.rstrip()
'  abc'
>>> s.lstrip()
'abc  '
```

4. replace()、startswith()、endswith()、isnumeric()、isalpha()

这些方法分别用来更新子串、检查开头子串、检查结尾子串、判断字符串是否为数字、判断字符串是否为字母，示例如下。

```
>>> s='aaaaa'
>>> s=s.replace('a','b')
>>> s
'bbbbb'
>>> url='www.lxjy.com'
>>> url.replace('.com','.cn')
'www.lxjy.cn'
>>> url.startswith('w')
True
>>> url.endswith('.cn')
False
>>> '321'.isnumeric()
True
>>> '321'.isalpha()
False
```

本节介绍的这些方法不会修改原始字符串，而是返回一个新的字符串对象。

3.7.2 易错点

（1）执行字符串的各种操作，都不会改变原字符串本身，可以通过重新赋值的方法变相改变字符串。

（2）字符串的常用操作通常会以小段程序的形式出现在考试当中，要加强程序编写的训练。

3.7.3 考题模拟

例 1 单选题

现有字符串 S= "Where there's a will there's a way."，现在需要计算并输出字符串 S 中 'e' 出现的次数，正确的语句是（　　）。

A. print(S.find('e', 1))　　　　 B. print(S.index('e'))

C. print(S.count('e'))　　　　　 D. print(S.index('e', 0, len(S)))

答案：C

解析：S.count() 方法实现统计子串在字符串中出现的次数。

例 2 判断题

在 Python 中设定字符串 str="Hello Python"，则 str.find('w') 返回值

为0。（　　）

答案：错误

解析：未找到，返回 −1。

例 3 判断题

```
>>>str='nihao\nliping\nzhang san'
>>> str.split()
```

结果是：['nihao', 'liping', 'zhang', 'san']。（　　）

答案：正确

解析：在调用 split() 方法时，若不传递任何参数，则会使用任意空白字符（包括空格、换行符、制表符等）作为分隔符；若字符串存在连续的空白字符，则按一个空白字符对待，并且返回结果中不包含任何空字符串。

第4章 range 类型的用法及常用操作

4.1 学习要点

（1）range 类型的概念；

（2）range 类型的用法；

（3）range 类型的常用操作。

4.2 对标内容

掌握 range 类型的用法及常用操作。

4.3 情景导入

按照学号，分别统计全班 40 位同学的考试平均分，可以采用循环结构处理成绩数据，循环次数是明确的。在 Python 中，我们可以使用 range 类型构造循环执行的范围（1~40 号）。

4.4 range 类型的概念

range 类型也称 range 范围，有的文档也称 range() 函数。在 IDLE 自带的集成开发环境下，range() 显示紫色，与函数类型显示的颜色一致。

range 类型一般用于生成等差数值序列，以便执行特定次数的循环。生成的

序列不会包括给定的终止值,可以不从 0 开始,且可以按给定的步长(步长可以是负数)递增。起始值为 0,可以省略书写;步长为 1,可以省略书写。

例 1:

```
>>> list(range(0, 10, 2))
[0, 2, 4, 6, 8]
>>> list(range(0, 10, 1))
[0, 1, 2, 3, 4, 5, 6, 7, 8, 9]
>>> list(range(0, 10))#省略写步长1
[0, 1, 2, 3, 4, 5, 6, 7, 8, 9]
>>> list(range(10))#省略写起始值0
[0, 1, 2, 3, 4, 5, 6, 7, 8, 9]
```

例 2:

```
>>> for i in range(5):
    print('Hello world!'+str(i))
Hello world!0
Hello world!1
Hello world!2
Hello world!3
Hello world!4
```

4.4.1 知识点详解

1. range类型的定界符range()和类型名称range

可以用 range(起始值,终止值,步长)来定界一个 range 类型,括号内的参数用逗号分隔。用内置函数 type() 检测其类型为 range。

2. 具有不可变性与有序性

range 内的元素不支持原位改变,其中的元素具有索引,具有序列的部分特性与操作。

例 1:

```
>>> r=range(11)
>>> list(r)
[0, 1, 2, 3, 4, 5, 6, 7, 8, 9, 10]
>>> r[0]
0
```

```
>>> r[0]=8# 不支持原位改变
Traceback (most recent call last):
  File "<pyshell#10>", line 1, in <module>
    r[0]=8# 不支持原位改变
TypeError: 'range' object does not support item assignment
>>> sum(r)
55
```

例 2：

```
# 遍历 range 范围代码 1
s=[]
for i in range(1,11):
    a=i**2
    s.append(a)
print(s)
# 遍历 range 范围代码 2
s=[]
for i in range(1,11):
    s.append(i**2)
print(s)
# 遍历 range 范围代码 3
s=[i**2 for i in range(1,11)]
print(s)
```

4.4.2 易错点

（1）range 类型生成的序列不会包括给定的终止值。

（2）range 类型具有不可变序列的某些特性。

4.4.3 考题模拟

例 1 单选题

对于 r=range(5)，合法的方法是（　　）。

A. r[2]=8　　　　　B. del r[2]　　　　　C. r.pop()　　　　　D. r.count(2)

答案：D

解析：range 类型具有不可变序列的某些特性，故选 D。

例 2　单选题

下列语句的输出结果是（　　）。

```
for i in "xyz":
for j in range(3):
    print(i,end=' ')
        if  i=="z":
            break
```

A. xxxyzzz　　　　　B. xxxyyyz　　　　　C. xxxyyyzzz　　　　　D. xyyyzzz

答案：B

解析：x 打印 3 次，y 打印 3 次，z 打印 1 次，退出循环。

例 3　单选题

下列程序为求 1~100 所有偶数之和，则在①处应填入（　　）。

```
ans = 0
for i in range( ① ):
    ans += i
print(ans)
```

A. 1,100,2　　　　　B. 1,101,2　　　　　C. 2,101,2　　　　　D. 2,100,2

答案：C

解析：起始值为 2，终止值包含 100，步长为 2，所以为（2,101,2）。

例 4　判断题

```
>>> list(enumerate(range(3)))
```

返回值为 [(0, 0), (1, 1), (2, 2)]。（　　）

答案：正确

解析：enumerate() 函数将在从 range() 内取到的每个元素前面加上索引号。

第5章 字典类型的用法及常用操作

5.1 学习要点

（1）字典的概念；

（2）字典的创建；

（3）字典的元素访问；

（4）字典的常用操作；

（5）字典推导式。

5.2 对标内容

理解字典类型的概念，掌握它的基础用法及操作。

5.3 情景导入

张三、李四、王五3位同学竞选班长，要统计同学们对他们的投票数据，通常会将3位同学的姓名写在黑板上，每个姓名后面写上"："，唱票到谁，就在谁的姓名后面累加1，最后分别汇总张三、李四、王五3位同学各自的得票数。Python 语句 piaoshu={" 张三 ":15," 李四 ":14," 王五 ":16}，就是用字典类型的思想处理投票数据。

 5.4 字典的概念

字典是包含若干"键：值"元素的无序可变对象，字典中的每个元素包含用冒号分隔开的键和值两部分，表示一种映射或对应关系。定义字典时，每个元素的键和值之间用冒号分隔，不同元素之间用逗号分隔，所有的元素放在一对大括号中。字典中元素的键可以是 Python 中任意不可变类型，如整数、实数、复数、字符串、元组等类型，但不能使用列表、集合、字典或其他可变类型作为字典的键。另外，字典的键不允许重复，值是可以重复的。

5.4.1　知识点详解

1. 字典的定界符{}和类型名称dict

可以用一对大括号声明一个字典，字典中的元素是一对一对的键值对，用逗号分隔。用内置函数 type() 检测其类型为 dict，示例如下。

```
>>> d={"姓名":"张三","语文":118,"数学":115,"英语":112}
>>> d
{'姓名': '张三', '语文': 118, '数学': 115, '英语': 112}
>>> type(d)
<class 'dict'>
```

2. 具有可变性与无序性

字典支持通过键修改值，其中的元素在字典中没有索引。元素查找速度非常快，元素增删速度也较快。

5.4.2　易错点

（1）字典支持通过键修改值，其中的元素在字典中没有索引。

（2）字典通过键修改值时，如果要修改的键值对的键不存在，Python 不会抛出错误，而是另外创建一对新的键值对，相当于添加了字典的元素。

5.4.3　考题模拟

例 1　单选题

若 d 是一个字典，则 max(d) 是指求（　　）。

A. 字典中键的最大值　　　　　B. 字典中值的最大值

C. 字典中键值对的最大值　　　D. 字典中数字值的最大值

答案：A

解析：max(d) 是指求字典中键的最大值，故选 A。

例 2　单选题

运行下列程序，输出的结果是（　　）。

```
scores={"语文":89,"数学":92}
scores["数学"]=90
scores[100]="技术"
print(scores)
```

A. {'语文': 89, '数学': 90, 100: '技术'}

B. {'语文': 89, '数学': 90, '技术':100}

C. {'语文': 89, '数学': 92, '技术':100}

D. '语文': 89, '数学': 90, 100: '技术'

答案：A

解析：字典通过键修改值时，如果要修改的键值对的键不存在，Python 不会抛出错误，而是另外创建一对新的键值对，相当于添加了字典的元素。

例 3　单选题

字典中多个元素之间使用____分隔开，每个元素的"键"与"值"之间使用____分隔开。

下列选项中正确的填空选项是（　　）。

A. 逗号　冒号　　　　　B. 逗号　分号

C. 冒号　句号　　　　　D. 分号　圆点号

答案：A

解析：考查字典的基本概念。

例 4　判断题

当以指定"键"为下标给字典对象赋值时，若该"键"存在则表示修改该"键"对应的"值"，若不存在则抛出错误。（　　）

答案：错误

解析：若不存在则表示为字典对象添加一对新的键值对。

例 5　判断题

字典中的"键"不允许重复，"值"也不允许重复。in 运算符作用于字典的速度比列表、元组快得多。（　　）

　　答案：错误

　　解析："值"允许重复。

 ## 5.5　字典的创建

5.5.1　知识点详解

在 Python 中，使用"＝"直接将一个字典赋值给变量，即可创建字典对象。也可以使用 dict() 函数创建字典对象，示例如下。

```
# 直接创建空字典
>>> d={}
>>> d
{}
>>> type(d)
<class 'dict'>
# 方法一：直接创建字典
>>> e={'name':'Tom','age':20,"salary":3900}
>>> e
{'salary': 3900, 'name': 'Tom', 'age': 20}
# 方法二：利用 dict() 函数创建字典 示例 1
>>> book=dict(title='Python',author='Tom',price=59)
>>> book
{'title': 'Python', 'author': 'Tom', 'price': 59}
# 方法三：利用 dict() 函数创建字典 示例 2
>>> lst=[('name','Jerry'),('age',20)]
>>> emp=dict(lst)
>>> emp
{'name': 'Jerry', 'age': 20}
>>> type(emp)
<class 'dict'>
# 方法四：利用 fromkeys() 方法创建字典
>>> keys=['name','age','job']
>>> emp3=dict.fromkeys(keys)
```

```
>>> emp3
{'job': None, 'name': None, 'age': None}
```

5.5.2 易错点

（1）利用 dict() 函数创建字典时，参数是键值对或列表。

（2）在实际编程解决问题时，通常先创建空字典，然后利用循环结构添加键值对。

5.5.3 考题模拟

例 1 单选题

运行下列程序，输出的结果是（   ）。

```
>>> d =list({'a':1,'b':2,'c':3,'d':4})
>>> print(d)
```

A. [1, 2, 3, 4]   B. ['a', 'b', 'c', 'd']

C. ['a', 1,'b',2, 'c', 3,'d',4]   D. ['a':1,'b':2,'c':3,'d':4]

答案：B

解析：用 list() 函数创建列表，把字典转换为列表时，默认将字典的键转换为列表，所以选 B。

例 2 单选题

有如下 Python 程序段：

```
stu=dict(name=" 张明明 ",age=10)
stu['sex']=" 男 "
for i in stu.values():
    print(i,end=" ")
```

执行程序后，输出的结果为（   ）。

A. name age sex   B. 张明明 10 男

C. name age   D. 张明明 10

答案：B

解析：考查字典元素的添加与字典值的遍历。

例 3 判断题

下列程序运行后的结果是 {"2^10"}。（   ）

```
dp={}
dp["2^10"]=1024
print(dp)
```

答案：错误

解析：正确的结果是 {'2^10': 1024}。

 5.6 字典的元素访问

5.6.1 知识点详解

字典元素值的访问是通过键而非下标索引，示例如下。

```
>>> book={'title':'Python 入门经典 ','author':' 兰溪教研 ','price':59,
'publisher':{'title':' 浙江教育出版社 ','address':' 杭州 '}}
>>> book
{'author': ' 兰溪教研 ', 'title': 'Python 入门经典 ', 'price': 59,
'publisher': {'address': ' 杭州 ', 'title': ' 浙江教育出版社 '}}
>>> book[0]
Traceback (most recent call last):
  File "<pyshell#10>", line 1, in <module>
    book[0]
KeyError: 0
>>> book['title']
'Python 入门经典 '
>>> book['price']
59
>>> book['publisher']['address']
' 杭州 '
>>> book['publisher']['title']
' 浙江教育出版社 '
```

1. get()方法访问元素值

```
>>> book['Title']
Traceback (most recent call last):
  File "<pyshell#15>", line 1, in <module>
    book['Title']
KeyError: 'Title'
```

```
>>> book.get('title')
'Python 入门经典 '
>>> book.get('Title')
>>> book.get('Title',' 未找到 ')
' 未找到 '
```

2. keys()方法提取所有键

```
>>> book.keys()
dict_keys(['author', 'title', 'price', 'publisher'])
>>> for key in book.keys():
   print(key)
author
title
price
publisher
```

3. values()方法提取所有值

```
>>> book.values()
dict_values([' 兰溪教研 ', 'Python 入门经典 ', 59, {'address': ' 杭州 ',
'title': ' 浙江教育出版社 '}])
>>> for v in book.values():
   print(v)
兰溪教研
Python 入门经典
59
{'address': ' 杭州 ', 'title': ' 浙江教育出版社 '}
```

4. items()方法提取所有键值对

```
>>> book.items()
dict_items([('author', ' 兰溪教研 '), ('title', 'Python 入门经典 '),
('price', 59), ('publisher', {'address': ' 杭州 ', 'title': ' 浙江教育出版
社 '})])
>>> for (k,v) in book.items():
   print('{}--{}'.format(k,v))
author-- 兰溪教研
title--Python 入门经典
price--59
publisher--{'address': ' 杭州 ', 'title': ' 浙江教育出版社 '}
```

5.6.2 易错点

（1）字典元素值的访问是通过键而非下标索引。

（2）用字典类型处理真实问题数据。

5.6.3 考题模拟

例 1　单选题

某班学生的分组情况和考试成绩分别存储在字典 xs 和列表 cj 中。若 xs= {" 第 1 组 ":[" 小张 "," 小李 "," 小王 "]," 第 2 组 ":[" 小黄 "," 小霞 "," 小斌 "], " 第 3 组 ":[" 小蓝 "," 小华 "," 小诚 "]}，cj=[{" 小张 ":90," 小李 ":80," 小王 ":75}, {" 小黄 ":86," 小霞 ":70," 小斌 ":89},{" 小蓝 ":67," 小华 ":90," 小诚 ":77}], 访问第 1 组第 2 位同学姓名和他的考试成绩的方法为（　　）。

A. xs[" 第 1 组 "][1]，cj[0][" 小李 "]

B. xs[" 第 1 组 "][1]，cj[1][" 小李 "]

C. xs[" 第 1 组 "][2]，cj[0][" 小李 "]

D. xs[" 第 1 组 "][2]，cj[1][" 小李 "]

答案：A

解析：通过键访问值，得到 [" 小张 "," 小李 "," 小王 "]，第 2 位同学是小李，故方法为 xs[" 第 1 组 "][1]；访问小李的成绩，要在 0 号索引处，通过键 " 小李 " 访问值，故方法为 cj[0][" 小李 "]。综合以上，选 A。

例 2　单选题

已知字典 health={' 姓名 ':[' 小明 ',' 小红 ',' 小张 ',' 小芳 '],' 身高 ': [153,145,150,148],' 体重 ':[55,38,43,40]} 中存储了某班学生的体质健康数据，想要计算小红的身体质量指数（BMI，计算公式为 BMI= 体重 ÷ 身高 ^{2}），下列能正确访问到小红身高和体重值的表达式是（　　）。

A. health[1][1] health[2][1]

B. health[2][2] health[3][2]

C. health[' 身高 '][1] health[' 体重 '][1]

D. health[' 身高 '][2] health[' 体重 '][2]

答案：C

解析：字典中的值通过键来访问。

例 3 判断题

Python 中字典 (dict) 的"值"可以是列表（list）、字典 (dict)、集合（set）类型。（　　）

答案：正确

解析：Python 中字典的键可以是整数、字符串或者元组，只要符合唯一和不可变的特性就行；字典的值可以是 Python 支持的任意数据类型。

5.7 字典的常用操作

5.7.1 知识点详解

1. 字典的键值对数量统计函数len()、复制方法copy()和清空方法clear()

```
>>> course={'title':'Python 精讲 ','lecturer':'shunnan','org':' 兰溪教研 '}
>>>len(course)
3
>>> c=course.copy()
>>> c
{'lecturer': 'shunnan', 'title': 'Python 精讲 ', 'org': ' 兰溪教研 '}
>>> c.clear()
>>> c
{}
```

2. 通过键进行值的修改

```
>>> course
{'lecturer': 'shunnan', 'title': 'Python 精讲 ', 'org': ' 兰溪教研 '}
>>> course['lecturer']=' 顺南 '
>>> course
{'lecturer': ' 顺南 ', 'title': 'Python 精讲 ', 'org': ' 兰溪教研 '}
```

3. 字典的更新（合并）方法update()

```
>>> c1={'price':20}
>>> c1
{'price': 20}
>>> course
```

```
{'lecturer': ' 顺南 ', 'title': 'Python 精讲 ', 'org': ' 兰溪教研 '}
>>> course.update(c1)
>>> course
{'lecturer': ' 顺南 ', 'title': 'Python 精讲 ', 'org': ' 兰溪教研 ', 'price':
20}
```

4. 字典的删除

例 1：

```
>>> c1
{'price': 20}
>>> del c1['price']
>>> c1
{}
```

例 2：

```
>>> c=course.copy()
>>> c
{'lecturer': ' 顺南 ', 'title': 'Python 精讲 ', 'org': ' 兰溪教研 ', 'price':
20}
>>> c.pop('price')
20
>>> c
{'lecturer': ' 顺南 ', 'title': 'Python 精讲 ', 'org': ' 兰溪教研 '}
>>> title=c.pop('title')
>>> title
'Python 精讲 '
>>> c
{'lecturer': ' 顺南 ', 'org': ' 兰溪教研 '}
```

例 3：

```
>>> c.popitem()
('org', ' 兰溪教研 ')
>>> c
{'lecturer': ' 顺南 '}
```

对 Python 3.x 版本中字典无序问题进行如下说明：字典是 Python 中唯一的映射类型，采用键值对的形式存储数据。Python 对键进行哈希函数运算，根据计算的结果决定值的存储地址，所以字典是无序存储的。但是从 Python 3.7 版

本开始，字典是有序的，这是新的版本特征，字典的键可以是整型、字符串、元组，但不可以是列表、集合、字典。Python 3.5 版本中字典是无序的；Python 3.6 版本中字典表现出来的是有序的，但实际上也是无序的；Python 3.7 之后的版本中字典是有序的。

5.7.2 易错点

（1）键名通常是字符串型，要加引号。

（2）虽然 Python 3.7 之后的版本中字典是有序的，但是也只能通过键来访问值。

5.7.3 考题模拟

例 1 单选题

下列 books 是一个字典，有一个 for 循环如下：

```
for  info1,info2 in books.items( ):
    print(info2)
```

上述 info2 可以得到（   ）。

A. 键 　　　　　 B. 值 　　　　　 C. 键－值 　　　　 D. 字典

答案：B

解析：可以得到字典的值。

例 2 单选题

运行下列程序，输出结果正确的一项是（   ）。

```
ds = {'aa':2,'bb':4,'cc':9,'dd':6}
print(ds.popitem(), len(ds))
```

A. ('aa', 2) 4 　　　　 B. ('dd', 6) 4

C. ('bb', 2) 3 　　　　 D. ('dd', 6) 3

答案：D

解析：Python 字典的 popitem() 方法表示从字典中删除最后一个项目。

例 3 判断题

下列程序实现的功能是交换字典的键和值。（   ）

```
a ={'x ': 6,'y ': 9}
```

```
a_change= {v: k for k, v in a.items( )}
print(a_change)
```

答案：正确

解析：上述程序实现交换字典的键和值。

5.8 字典推导式

5.8.1　知识点详解

字典推导式的格式如下：

dictionaryname={key-Expression:value-Expression for 循环语句 }

直接使用"="给字典赋值，使用大括号括住推导式，用"："连接键表达式和值表达式，在空格后加 for 循环语句。

字典推导式可以用任意键值表达式创建字典，示例如下。

例 1：

```
>>> {i:i**2 for i in (1,3,5,7)}
{1: 1, 3: 9, 5: 25, 7: 49}
```

例 2：

```
>>> {str(i):1 for i in range(1,4)}
{'1': 1, '2': 1, '3': 1}
```

例 3：

```
>>> x=["A","B","C"]
>>> y=["a","b","c"]
>>> {i:j for i,j in zip(x,y)}
{'A': 'a', 'B': 'b', 'C': 'c'}
```

5.8.2　易错点

Python 编程中，留意字典推导式与列表推导式的异同。

5.8.3　考题模拟

例 1　单选题

下列关于各类推导式的运用的表述中，错误的是（　　）。

A. yield 作为 Python 的关键字之一，在生成器推导式中用来返回值

B. 使用生成器对象的元素时，不可以将其根据需要转换为列表或者元组

C. 与列表推导式不同的是，生成器推导式的结果是一个生成器对象，而不是列表，也不是元组

D. 从形式上看，生成器推导式与列表推导式非常接近，只是生成器推导式使用的是圆括号而不是列表推导式所使用的方括号

答案：B

解析：使用生成器对象的元素时，可以将其根据需要转换为列表或者元组。

例 2 单选题

Python 中 yield 是一个类似 return 的关键字，迭代一次遇到 yield 时就返回 yield 后面（右边）的值。下一次迭代时，从上一次迭代遇到的 yield 后面的代码（下一行）开始执行。下列程序的输出结果是（   ）。

```python
def fun():
    a,b = 1,1
    while True:
        yield a
        a,b = b,a+b
c = fun()
for i in range(6):
    print(c.__next__(),end = ' ')
```

A. 1 1 2 3 5 8   B. 1 1 2 2 3 3

C. 8 5 3 2 1 1   D. 1 2 3 4 5 6

答案：A

解析：运用序列解包，该程序的功能是输出斐波那契序列的前 6 项。

例 3 判断题

运行下列代码的结果是 {A: a, B: b, C:c}。（   ）

```python
>>> x=["A","B","C"]
>>> y=["a","b","c"]
>>> {i:j for i,j in zip(x,y)}
```

答案：错误

解析：正确的结果是 {'A':'a', 'B':'b', 'C':'c'}。

第6章　集合类型的用法及常用操作

6.1 学习要点

（1）集合的概念；

（2）集合的操作；

（3）集合的运算。

6.2 对标内容

理解集合类型的概念，掌握它的基础用法及操作。

6.3 情景导入

　　集合在日常生活中有很多应用。比如，一个班里的所有同学可以形成一个集合，集合中的元素不可以重复，就像班里没有两个完全一样的同学。在数学中，集合常用于描述具有某种特性或关系的元素的聚合。例如，所有小于10的正整数可以形成一个集合。在编程中，集合可以用于存储和管理数据。例如，一个购物网站的商品类别可以表示为若干集合，每个集合包含该分类下的所有商品。

6.4 集合的概念

　　集合属于Python无序可变对象，使用一对大括号作为定界符，元素之间使

用逗号分隔，同一个集合内的每个元素都是唯一的，不允许重复。

集合中只能包含数字、字符串、元组等不可变类型（可哈希）的数据，而不能包含列表、字典、集合等可变类型数据。可以使用 set() 函数将列表、元组、字符串、range 对象等其他可迭代对象转换为集合。如果原来的数据中存在重复元素，则在转换为集合时只留一个；如果原序列和迭代对象中有不可哈希的值，则无法转换成集合，抛出异常。

6.4.1 知识点详解

1. 集合的定界符{}和类型名称set

可以用一对大括号声明一个集合，集合中的元素用逗号分隔。用内置函数 type() 检测其类型为 set，示例如下。

```
>>> a={2,3,4}
>>> type(a)
<class 'set'>
```

2. 具有长度可变性与无序性

集合的元素个数可以改变，集合中的元素不具有索引。

3. 对元素类型有一些限制要求

在 Python 中，集合中只能包含数字、字符串、元组等不可变类型（可哈希）的数据，而不能包含列表、字典、集合等可变类型数据，示例如下。集合中查找与增删元素较快。

```
>>> a={2,"zhang",(1,2,3)}
>>> b={2,[1,2,3]}
Traceback (most recent call last):
  File "<pyshell#4>", line 1, in <module>
    b={2,[1,2,3]}
TypeError: unhashable type: 'list'
>>> c={1,2,{2,3}}
Traceback (most recent call last):
  File "<pyshell#5>", line 1, in <module>
    c={1,2,{2,3}}
TypeError: unhashable type: 'set'
```

6.4.2　易错点

（1）集合中的元素不可以重复。

（2）集合中只能包含数字、字符串、元组等不可变类型（可哈希）的数据。

6.4.3　考题模拟

例 1　单选题

下列说法中，正确的是（　　）。

A. 集合类型是一个元素集合，元素之间有序

B. 集合类型是一个元素集合，元素不能重复

C. 集合类型是一个元素集合，元素可以重复

D. 集合类型是一个元素集合，元素之间无序，元素类型必须相同

答案：B

解析：集合类型是一个元素集合，元素不能重复，元素之间无序，元素类型可以不同。

例 2　单选题

下列说法中，正确的是（　　）。

A. 集合类型是一个元素集合，元素之间有序

B. 集合类型是一个元素集合，元素不能重复

C. s=set{1,2,'3'} 声明了一个集合 S

D. 集合类型是一个元素集合，元素之间无序，元素类型必须相同

答案：B

解析：A 选项错在"元素之间有序"；C 选项错在多了"set"；D 选项错在"元素类型必须相同"。

例 3　单选题

下列语句在运行时会出现错误的是（　　）。

A. s = {1,2,'three', 'four', (10, 11)}　　　　B. s = {1,2,3,3,4}

C. s = {1,2,['three', 'four'],(10, 11)}　　　D. s = set([1,2,3,4])

答案：C

解析：集合元素是不可变类型，所以可以使用数字、字符串、元组，而不能使用列表、字典。

例 4 判断题

set() 函数可以用于生成集合，输入的参数可以是任意组合数据类型，返回结果是一个无重复且排序任意的集合。（　　）

答案：正确

例 5 判断题

集合是一个无序的无重复元素序列，用 {} 作为定界符，如集合 {1,2,[3,4],"ab"}。（　　）

答案：错误

解析：集合中只能包含不可变类型的数据，而不能包含列表等可变类型数据。

6.5　集合的操作

6.5.1　知识点详解

1. set()函数

可以使用 set() 函数把列表、元组、字符串、range 对象或其他可迭代对象转换为集合。

例 1：

```
# 把 range 对象转换为集合
>>> s=set(range(3))
>>> s
{0, 1, 2}
```

例 2：

```
# 去重
>>> s=set([1,2,3,3,4])
>>> s
{1, 2, 3, 4}
```

2.集合推导式

```
# 集合推导式
>>> {i.strip() for i in ('hello ','zhang ',' san')}
{'hello', 'zhang', 'san'}
>>> {str(i) for i in range(3)}
```

```
{'1', '0', '2'}
```

3. 集合元素的增删

集合对象的 add() 方法可以增加新元素，如果该元素已存在，则忽略该操作，不会抛出异常；update() 方法合并另外一个集合中的元素到当前集合中，并自动去除重复元素，示例如下。集合对象的 pop() 方法随机删除并返回集合中的一个元素，如果集合为空，则抛出异常；remove() 方法删除集合中的指定元素，如果指定元素不存在，则抛出异常；discard() 方法从集合中删除一个特定元素，如果元素不在集合中，则忽略该操作；clear() 方法清空集合。

```
>>> s={1,2,3}
>>> s
{1, 2, 3}
>>> s.add(4)
>>> s
{1, 2, 3, 4}
>>> s.update({4,5})
>>> s
{1, 2, 3, 4, 5}
```

6.5.2　易错点

（1）留意集合对象的 pop() 方法与 remove() 方法、discard() 方法的用法异同。

（2）留意集合对象的 add() 方法与 update() 方法的用法异同。

6.5.3　考题模拟

例 1　单选题

运行下列程序，输出的结果是（　　）。

```
>>> fruit={'apple','orange','pear'}
>>> fruit.update("pear")
>>> print(fruit)
```

A. {'e', 'r', 'p', 'a', 'apple', 'orange', 'pear'}

B. {'pear', 'orange', 'apple'}

C. {'pear', 'orange', 'apple', 'pear'}

D. {'orange', 'apple'}

答案：A

解析：集合的 update() 方法功能是合并另外一个集合中的元素到当前集合中。注意参数为字符串时，会将字符串中的每个元素作为集合元素放到集合中。

例 2 单选题

运行下面程序，输出正确的一项是（　　）。

```
s = {1,2,3,4,5}
s.update({s.add(9),3,7,2,s.remove(5)})
print(s)
```

A. {1,2,3,4,5,9}　　　　　　B. {1,2,3,4,,7,9}

C. {1,9,3,7,,2}　　　　　　D. {1,2,3,4,7,9,None}

答案：D

解析：在 Python 中，集合的 add() 方法和 remove() 方法都是原地操作，即直接修改原集合。但是，它们并不返回任何值。也就是说，如果尝试执行 s.add(9) 或者 s.remove(5)，这些操作实际上会将 9 添加到集合 s 中，或者将 5 从集合 s 中移除，但返回值是 None。

例 3 判断题

列表、元组、字符串均可以用 set() 转换为集合，例如，set ((1,2,2,3,4)) 的结果是 {1,2,2,3,4}。（　　）

答案：错误

解析：集合中无重复元素。

例 4 判断题

对于集合 S，S.remove(x) 可以移除 S 中的元素 x，如果 x 不在集合 S 中，产生 KeyErrror 异常。（　　）

答案：正确

解析：remove() 方法可以移除集合中的元素，如果元素不存在，抛出异常。

例 5 判断题

用 set("12323") 和 {str(i) for i in range(1,4)} 可以创建相同的集合。（　　）

答案：正确

解析：用 set("12323") 和 {str(i) for i in range(1,4)} 都创建集合 {1,2,3}。

 6.6 集合的运算

6.6.1　知识点详解

内置函数 len()、max()、min()、sum()、sorted()、map()、filter()、enumerate() 等也适用于集合。集合支持数学意义上的交集、并集、差集等运算。关系运算符 >、>=、<、<= 作用于集合时，表示集合之间的包含关系，而不是比较集合中元素的大小关系。

例 1：

```
>>> s={2,3,4,5,6}
>>> len(s)
5
>>> max(s)
6
>>> min(s)
2
>>> sum(s)
20
>>> sorted(s)
[2, 3, 4, 5, 6]
```

例 2：

```
>>> l={'2','4','6','8'}
>>> set(map(int,l))
{8, 2, 4, 6}
```

例 3：

```
def jishu(n):
    return n % 2 == 1
newlist = filter(jishu, {1, 2, 3, 4, 5, 6, 7, 8, 9, 10})
n=list(newlist)
print(n)
```

上述程序的运行结果如下。

```
[1, 3, 5, 7, 9]
```

例 4：

```
>>> set(enumerate(range(3)))
{(0, 0), (1, 1), (2, 2)}
```

6.6.2 易错点

（1）关系运算符 >、>=、<、<= 作用于集合时，表示集合之间的包含关系，而不是比较集合中元素的大小关系。

（2）留意字符串中的标点符号是表示字符还是标点。

6.6.3 考题模拟

例 1 单选题

运行下列程序，正确的结果是（　　）。

```
>>> x = set('runoob')
>>> y = set('google')
>>> x & y
```

A. {'o','o'}   B. {'r', 'b', 'u', 'n'}

C. {'b', 'e', 'g', 'l', 'o', 'n', 'r', 'u'}   D. {'o'}

答案：D

解析：上述程序实现集合的交集运算。

例 2 单选题

运行下列程序，正确的结果是（　　）。

```
>>> x = set('runoob')
>>> y = set('google')
>>> x | y
```

A. {'o','o'}   B. {'r', 'b', 'u', 'n'}

C. {'l', 'n', 'r', 'e', 'b', 'g', 'u', 'o'}   D. {'o'}

答案：C

解析：上述程序实现集合的并集运算。

例 3 单选题

运行下列程序，正确的结果是（　　）。

```
>>> x = set('runoob')
```

```
>>> y = set('google')
>>> x >= y
```

A. {'o'}　　　　　B. {'r', 'b', 'u', 'n'}　　　　C. True　　　　D. False

答案：D

解析：x 不包含 y。

例 4　单选题

运行下列程序，正确的结果是（　　）。

```
>>> s={1,2,3}
>>> t={2,3,4,5}
>>> print(s-t)
```

A. {4，5}　　　　B. {1，4，5}　　　　C. -{1}　　　　D. {1}

答案：D

解析：上述程序实现集合的差集运算。

例 5　判断题

集合支持交集、并集、差集和对称差集等运算。在计算并集时必须手动去除
重复元素。（　　）

答案：错误

解析：在计算并集时会自动去除重复元素。

例 6　判断题

通过 intersection() 方法，可以返回两个集合的交集。（　　）

答案：正确

第 7 章　序列解包的运用

7.1 学习要点

（1）序列解包的概念；
（2）序列解包的运用。

7.2 对标内容

掌握序列解包的使用方法。

7.3 情景导入

假设我们有一份菜单，包含 3 道菜：烤鸡胸肉、糖醋排骨和炒蔬菜。烤鸡胸肉的价格为 10 元，糖醋排骨的价格为 15 元，炒蔬菜的价格为 5 元。在 Python 中，我们可以将这些价格存储在一个列表中，然后使用序列解包将其赋值给 3 道菜的价格。

7.4 序列解包的概念与运用

序列解包是指将一个可迭代对象（如列表、元组、字符串或 range 对象）分解为多个变量的过程。序列解包是 Python 中常用的一个功能，可以使用非常简洁的代码形式完成复杂的功能，提高代码的可读性，减少代码的输入量。

7.4.1　知识点详解

序列解包可以用于列表、字典、enumerate 对象、filter 对象、zip 对象等。对字典使用时默认对字典的键进行操作；如果对"键：值"进行操作，应使用 items() 方法说明；如果需要对字典的值进行操作，应使用 values() 方法说明。

1. 对列表进行操作

例 1：

```
#菜单的代码示例
menu = ['烤鸡胸肉', '糖醋排骨', '炒蔬菜']
prices = [10, 15, 5]
for dish, price in zip(menu, prices):
    print(f'{dish} 的价格是 {price} 元')
```

我们使用 zip() 函数对菜单和价格这两个列表进行配对，然后使用 for 循环遍历菜单和价格的配对结果，最后输出每道菜的价格。

例 2：

```
>>> a=[1,2,3]
>>> x,y,z=a
>>> x
1
>>> y
2
>>> z
3
```

例 3：

```
>>> x,y,z=sorted([1,3,2])
>>> x
1
>>> y
2
>>> z
3
```

2. 对字典进行操作

在 Python 中，字典是一种非常常用的数据类型。我们也可以使用序列解包

对字典进行操作。例如，有一个字典，其中包含3对键值对，分别为name（姓名）、age（年龄）和gender（性别）。我们可以使用序列解包将这3对键值对分别赋值给3个变量。

例1：

```
# 使用序列解包对字典进行操作的代码示例
person = {'name': 'Alice', 'age': 25, 'gender': 'female'}
name, age, gender = person.values()  # 对字典的值进行操作
print(name)  # 输出: Alice
print(age)  # 输出: 25
print(gender)  # 输出: female
```

我们使用字典的 values() 方法将字典中的值取出来，并使用序列解包将其赋值给3个变量。

例2：

```
>>> d={'a':1,'b':2,'c':3}
>>> x,y,z=d.items()
>>> x
('a', 1)
>>> y
('b', 2)
>>> z
('c', 3)
```

例3：

```
>>> x,y,z=d.values()
>>> x
1
>>> y
2
>>> z
3
```

3. 多变量赋值

例1：

```
>>> a,b,c=1,2,3
>>> a
1
```

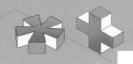

```
>>> b
2
>>> c
3
```

例 2：

```
>>> t=(1,2,3)
>>> (x,y,z)=t
>>> x
1
>>> y
2
>>> z
3
```

例 3：

```
>>> x,y,z='abc'
>>> x
'a'
>>> y
'b'
>>> z
'c'
```

4. 对range对象解包

示例如下。

```
>>> x,y,z=range(3)
>>> x
0
>>> y
1
>>> z
2
```

5. 对迭代器对象解包

示例如下。

```
>>> x,y,z=iter([1,2,3])
>>> x
```

```
1
>>> y
2
>>> z
3
```

6. 对map对象解包

示例如下。

```
>>> x,y,z=map(str,range(3))
>>> x
'0'
>>> y
'1'
>>> z
'2'
```

7.4.2 易错点

（1）留意对不同数据类型进行序列解包的区别。

（2）在实际操作中，多运用序列解包解决问题。

7.4.3 考题模拟

例 1 单选题

关于序列解包的描述，错误的是哪一项？（　　）

A. 序列解包的本质是对多个变量同时赋值

B. 序列解包要求等号左侧变量的数量与等号右侧值的数量相等

C. 序列解包可以用于列表、字典、zip 对象等。但是在对字典使用序列解包时，默认对字典的"键"进行操作

D. >>>x,y,z=map(str,range(3))，y 的值为 1

答案：D

解析：D 项 y 的值是 '1'。

例 2 单选题

关于 Python 序列解包，下列表述中错误的是（　　）。

A. 序列解包就是将数据字符等从列表等装有元素的容器中取出需要的元素

B. 序列解包就是将数据字符等从字典等装有元素的容器中取出需要的元素

C. 序列解包就是将数据字符等从函数等装有元素的容器中取出需要的元素

D. 序列解包就是将数据字符等从字符串等装有元素的容器中取出需要的元素

答案：C

解析：考查序列解包的概念。

例 3 单选题

下面 Python 序列解包的输出是（　　）。

```
fruit=['apple','peach','orange']
weight=[65,77,68]
for i,j in zip(fruit,weight):
    print(i,j,end=' ')
```

A. 'apple','peach','orange',65,77,68

B. apple peach orange 65 77 68

C. apple 65 peach 77 orange 68

D. apple 65 , peach 77 , orange 68

答案：C

解析：考查序列解包的基本操作。

第8章　常用标准库的应用

8.1　学习要点

（1）math 模块的概念与应用；

（2）random 模块的概念与应用；

（3）time 与 datetime 模块的概念与应用；

（4）PyInstaller 模块的概念与应用；

（5）jieba 模块的概念与应用；

（6）wordcloud 模块的概念与应用。

8.2　对标内容

知道常用标准库的功能与用法，掌握 math、random、time、datetime、PyInstaller、jieba、wordcloud 这些模块的功能与使用。

8.3　情景导入

Python 的标准库在日常学习生活中应用广泛，下面是一些实例。

math 模块在解决数学问题时使用，如计算平方根、对数等；也可以用于计算机图形学中的一些计算，如转换坐标等。

random 模块在需要生成随机数的情况下使用，例如在游戏或者模拟环境中制造随机事件。

第8章 常用标准库的应用

time 模块在生活中的应用非常广泛。例如，我们可以使用 time 模块来计算代码执行时间，它提供了高精度的时间戳，因此也常被用于时间同步或者网络延迟测量。

datetime 模块在处理日期和时间问题时使用，可以进行日期和时间的计算、转换等。

PyInstaller 模块可以将 Python 程序打包成独立的可执行文件，使 Python 程序可以在没有 Python 环境的计算机上运行。

jieba 模块被广泛应用于中文分词，如搜索引擎、推荐系统等需要理解中文文本的场景。

wordcloud 模块可以生成词云，常被用于文本可视化、词云图片生成。

8.4 math 模块的概念与应用

math 模块是内置模块，提供了大量与数学计算有关的对象，包括对数函数、指数函数、三角函数、误差计算及一些常用的数学常数。在使用 import 语句或 from-import 语句将函数所在的模块导入后，就能使用其中的函数。

8.4.1 知识点详解

1. 常数pi和e

```
>>> import math
>>> math.pi
3.141592653589793
>>> math.e
2.718281828459045
```

2. ceil(x)和floor(x)

ceil(x) 向上取整，返回大于或等于 x 的最小整数；floor(x) 向下取整，返回小于或等于 x 的最大整数，示例如下。

```
>>> math.ceil(3.14)
4
>>> math.ceil(-3.14)
-3
```

```
>>> math.floor(3.99)
3
>>> math.floor(-3.14)
-4
```

3. pow(x,y)

pow(x,y) 为指数运算，返回 x 的 y 次幂，示例如下。

```
>>> math.pow(2,3)
8
```

4. factorial(x)

factorial(x) 返回 x 的阶乘，要求 x 必须为正整数，示例如下。

```
>>> math.factorial(5)
120
```

5. log(x[,b])

log(x[,b]) 若不提供参数 b，则返回 x 的自然对数值；若提供参数 b，则返回 x 以 b 为底的对数值，示例如下。

```
>>> math.log(256,2)
8.0
>>> math.log(100)
4.605170185988092
```

6. cos(x)、sin(x)、tan(x)和acos(x)、asin(x)、atan(x)

cos(x)、sin(x)、tan(x) 返回 x 的余弦值、正弦值和正切值，x 的单位为弧度。acos(x)、asin(x)、atan(x)，返回 x 的反余弦值、反正弦值和反正切值，结果的单位为弧度。示例如下。

```
>>> math.sin(math.pi)
1.2246467991473532e-16
>>> math.cos(1)
0.5403023058681398
```

7. gcd(x,y)

gcd(x,y) 返回整数 x 和 y 的最大公约数，示例如下。

```
>>> math.gcd(12,18)
6
```

8. sqrt(x)

sqrt(x) 返回正数 x 的平方根，功能等价于 x**0.5，但不能对负数求平方根，不如幂运算符 **0.5 功能强大，示例如下。

```
>>> math.sqrt(9)
3.0
>>> math.sqrt(-9)
Traceback (most recent call last):
  File "<pyshell#15>", line 1, in <module>
    math.sqrt(-9)
ValueError: math domain error
>>> (-9)**0.5
(1.8369701987210297e-16+3j)
```

8.4.2　易错点

（1）本节内容有一定的识记要求，建议加强理解性的记忆。

（2）sqrt() 比较常用，注意与幂运算符 **0.5 的区别。

8.4.3　考题模拟

例 1　单选题

运行下列程序的结果是（　　）。

```
import  math
math.ceil(-3.3)
```

A．−4　　　　　B．−3　　　　　C．−4.0　　　　　D．−3.0

答案：B

解析：ceil(−3.3) 向上取整，返回大于或等于 −3.3 的最小整数。

例 2　单选题

运行下列程序的结果是（　　）。

```
import  math
math.floor(-3.3)
```

A．−4　　　　　B．−3　　　　　C．−4.0　　　　　D．−3.0

答案：A

解析：floor(−3.3) 向下取整，返回小于或等于 −3.3 的最大整数。

例 3 单选题

下列哪个选项是 Python math 模块的数字常数？（　　）

A. math.sin　　　　B. math.sqrt　　　　C. math.e　　　　D. math.pow

答案：C

解析：math.e 是 Python math 模块的数字常数，选项 A、B、D 均是模块内的函数。

例 4 单选题

编写 Python 程序实现：输入圆的半径，输出圆的面积。

```
import math
r=float(input())

_____

print(s)
```

下列语句中不可以完善程序，实现相关功能的是（　　）。

A. s=math.pi*math.pow(r,2)　　　　B. s=math.pi*r**2

C. s=math.pi*r*r　　　　　　　　D. s=pi*r*r

答案：D

解析：D 项调用 pi 的格式错误。

 ## 8.5 random 模块的概念与应用

8.5.1 知识点详解

随机模块 random 中提供了大量与随机数和随机函数有关的对象。

1. random()

random() 返回左闭右开区间 [0.0, 1.0) 内的一个浮点数，示例如下。

```
>>> import random
>>> random.random()
0.9248455068824836
```

2. uniform(a,b)

uniform(a,b) 用于生成一个区间 [a,b] 或 [b,a] 内的随机浮点数，参数 a 和 b 中较大的数为上限，较小的数为下限，示例如下。

```
>>> import random
>>> random.uniform(2,8)
2.9937125015488353
```

3. randint(start,stop)

randint(start,stop) 返回闭区间 [start,stop] 内的随机整数，示例如下。

```
>>> import random
>>> random.randint(1,6)
4
```

4. choice(seq)

choice(seq) 从序列 seq 中随机选择一个元素并返回，示例如下。

```
>>> import random
>>> random.choice('abcde')
'b'
```

5. sample(seq,k)

sample(seq,k) 从序列 seq 中随机选择 k 个元素并返回，示例如下。

```
>>> import random
>>> random.sample('abcde',3)
['e', 'b', 'd']
```

6. shuffle(seq)

shuffle(seq) 将列表 seq 原地打乱，示例如下。

```
>>> x=list(range(5))
>>> random.shuffle(x)
>>> x
[1, 0, 2, 4, 3]
```

7. randrange([start,]stop[,step])

randrange([start,]stop[,step]) 返回一个在指定范围内的随机整数，范围从

start 到 stop-1。参数 start（可选）为序列的起始值；stop 为序列的结束值，生成的随机数不包含这个值；step（可选）为步长，即序列中每个数之间的差。示例如下。

```
>>> random.randrange(5)
2
>>> random.randrange(1,15,2)
3
```

8.5.2 易错点

理解并熟练掌握 random()、uniform(a,b)、randint(start,stop) 在实际编程中的使用。

8.5.3 考题模拟

例 1 单选题

随机产生一个 1~5 之间的整数的程序是（　　）。

A. >>>import random
　　>>>random.randrange(1,5)

B. >>>import random
　　>>>random.randrange(1:5)

C. >>>import random
　　>>>random.choice(1,5)

D. >>>import random
　　>>>random.randint(1,5)

答案：D

解析：A 项不包含 5，B 项书写格式错误，C 项参数不是序列。D 项正确。

例 2 单选题

有如下 Python 程序段：

```
import random
c=0
s=0
for i in range(0,10):
    n=random.randint(1,101)
    if n%2==0:
        s+=i
        c+=1
print(i)
```

该程序段被执行后，下列说法中不正确的是（　　）。

A. 把 s+=i 改为 s=s+i 后，得到的结果是一样的

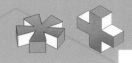

B. i=9

C. 语句 c+=1 可能执行了 10 次

D. 变量 s 中存储了生成的 10 个随机数中偶数相加的和

答案：D

解析：变量 s 中存储了生成的随机数中偶数情况下循环变量 i 相加的和。

例 3　单选题

```
import random
fibo = [1] * 11
for i in range(2, 11):
    fibo[i] = fibo[i - 1] + fibo[i - 2]
n = random.randint(1,10)
print(fibo[n])
```

运行该程序段，输出结果不可能是（　　）。

A. 1　　　　　B. 21　　　　　C. 35　　　　　D. 89

答案：C

解析：35 不在斐波那契序列里面。

例 4　单选题

编写 Python 程序实现：随机输出一个 1~100 的整数。

```
import random
_____
print(num)
```

下列语句中不可以完善程序，实现相关功能的是（　　）。

A. num=int(random.random()*99)+1

B. num=int(random.uniform(1,100))

C. num=random.randint(1,100)

D. num=random.choice(range(1,101))

答案：A

解析：A 项随机生成一个 1~99 的整数。

例 5　判断题

在 Python 的 random 模块中，random.choice() 命令的功能是返回随机产生的一个字符串。（　　）

答案：错误

解析：random.choice() 命令的功能是从序列中随机选择一个元素并返回。

 8.6 time、datetime 模块的概念与应用

8.6.1 知识点详解

Python 的 time 和 datetime 模块是 Python 标准库中的模块，time 模块提供了各种与时间相关的函数和常量，datetime 模块提供了对日期和时间进行操作和格式化的功能。

1. 获取当前时间戳（以 s 为单位）

函数 time.time() 用于获取当前时间戳，时间间隔是以 s 为单位的浮点数。每个时间戳都以自从 1970 年 1 月 1 日午夜（历元）经过了多长时间来表示，示例如下。

```
>>> import time
>>> ticks = time.time()
>>> print (" 当前时间戳为 :", ticks)
当前时间戳为 : 1648737620.552136
```

2. 获取当前本地时间

从返回浮点数的时间戳方式向时间元组转换，只需要将浮点数传递给如 localtime() 之类的方法，示例如下。

```
>>> localtime = time.localtime(time.time())
>>> print (" 本地时间为 :", localtime)
本地时间为 : time.struct_time(tm_year=2024, tm_mon=3, tm_mday=30, tm_
hour=12, tm_min=45, tm_sec=15, tm_wday=5, tm_yday=90, tm_isdst=0)
>>>time.ctime()
'Sun Mar 30 12:46:18 2024'
```

3. 等待指定的时间（以 s 为单位）

示例如下。

```
>>>import time
>>>time.sleep(5)   # 等待 5s
```

4. 格式化时间

根据需求选取各种格式，最简单的获取可读时间模式的方法是 asctime()，示例如下。

```
>>> localtime = time.asctime( time.localtime(time.time()) )
>>> print ("本地时间为 :", localtime)
本地时间为 : Thu Mar 31 22:46:52 2022
```

5. 格式化日期

使用 time 模块的 strftime() 方法来格式化日期，示例如下。

```
>>># 格式化成 2016-03-20 11:45:39 形式
print (time.strftime("%Y-%m-%d %H:%M:%S", time.localtime()))
2022-03-31 22:49:29
>>> # 格式化成 Sat Mar 28 22:24:24 2016 形式
print (time.strftime("%a %b %d %H:%M:%S %Y", time.localtime()))
Thu Mar 31 22:50:22 2022
```

6. datetime模块

Python 中的 datetime 模块包含 Date、Time、Timestamp 和 Delta 等几个重要的子模块。一般来说，datetime 模块中的函数可以创建、比较、计算日期和时间，具体见表 8-1。

表 8-1　datetime 模块中的函数

函数	说明
datetime.now()	返回当前日期和时间
datetime(year, month, day)	创建一个特定的日期
datetime(hour, minute, second)	创建一个特定的时间
datetime(year, month, day, hour, minute, second)	创建一个特定的日期和时间
datetime.strptime(date_string, format)	从字符串中解析出日期和时间

这些函数可以用于各种日期和时间的操作，例如计算两个日期之间的天数、将日期和时间转换为字符串，或者从字符串中解析出日期和时间等，示例如下。

```
>>> import datetime
>>>datetime.datetime.now()
datetime.datetime(2023, 10, 4, 11, 14, 18, 383296)
>>> d=datetime.date.today()
>>> print(d.year)
```

```
2023
>>> print(d.month)
10
>>> print(d.day)
4
>>> d=datetime.date(2022,3,31)-datetime.date(2022,1,1)
>>> d.days
89
>>> datetime.date.today()
datetime.date(2023, 10, 4)
>>> datetime.datetime.today().weekday()
2
```

7. datetime模块的strftime()方法

datetime 模块的 strftime() 方法用于将日期和时间格式化为字符串，格式代码见表 8-2。

表 8-2　strftime() 方法的格式代码

格式代码	含义	示例
%Y	4 位数的年份	2023
%y	两位数的年份	23
%m	两位数的月份	07
%d	两位数的日期	20
%H	24 小时制下的小时数	14
%I	12 小时制下的小时数	02
%M	两位数的分钟数	30
%S	两位数的秒数	45
%A	完整的英文星期名	Monday
%a	简写的英文星期名	Mon
%B	完整的英文月份名	July
%b	简写的英文月份名	Jul
%p	AM 或 PM	

示例如下。

```
from datetime import datetime
# 获取当前日期和时间
now = datetime.now()
# 格式化日期和时间
```

```
formatted_date = now.strftime("%Y-%m-%d %H:%M:%S")
print(formatted_date)  # 输出类似：2023-07-20 14:30:45 的字符串
formatted_date = now.strftime("%A, %B %d, %Y")
print(formatted_date)  # 输出类似：Monday, July 20, 2023 的字符串
```

8.6.2 易错点

（1）本节内容需要记忆的知识较多，关注其在实际编程中的灵活应用。

（2）注意观察比较 time 与 datetime 模块函数的区别。

8.6.3 考题模拟

例 1 单选题

利用 datetime 模块可以输出多种日期格式，下列错误的格式是（　　）。

A. someday.strftime（"%Y-%m-%d"）

B. someday.strftime（"%N-%Y-%R"）

C. someday.strftime（"%A-%d-%B-%Y"）

D. someday.strftime（"%A-%B-%d-%Y"）

答案：B

解析：B 项格式错误，不存在 %N、%R 格式的代码。

例 2 单选题

下列可以输出当前时间的正确语句是（　　）。

A. print(time.ctime())　　B. print(time.strptime())

C. print(time.nowtime())　　D. print(time.local())

答案：A

解析：A 项可以输出当前时间。

例 3 单选题

在 time 模块中，time.time() 所得结果的数据类型是（　　）。

A. 整型　　B. 实型　　C. 字符串类型　　D. 列表类型

答案：B

解析：时间戳的时间间隔是以 s 为单位的浮点数，故选 B。

例 4 单选题

下列程序运行后结果正确的选项是（　　）。

```
import time
a=time.gmtime()
print(time.strftime('%Y-%m-%d %a %h:%M:%S %p',a))
```

A. 2023-02-01 Wed Feb:08:04 PM

B. Wed Feb: 2023-02-01 08:04 PM

C. Wed Feb:08:04 PM 2023-02-01

D. 2023-02-01 Wed Feb:08:04

答案：A

解析：A 项符合上述程序输出的格式。

例 5 判断题

利用日期时间模块 datetime，可以获取“今天”的日期，方法如下：

```
>>> import datetime
>>> date.today().weekday()
```

如果“今天”是星期天，则返回 0。（　　）

答案：错误

解析：返回日期是星期几，取值范围为 [0，6]，0 表示星期一，6 表示星期天。

例 6 判断题

利用日期时间模块 datetime，可以获取“今天”的日期，方法如下：（　　）

```
>>> import datetime
>>> t=datetime.today()
```

答案：错误

解析：第 2 行语句应为 >>> t=datetime.date.today()。

 ## 8.7 PyInstaller 模块的概念与应用

8.7.1 知识点详解

PyInstaller 是一个将 Python 语言脚本 (.py 文件) 打包成可执行文件的第三方模块，可用于 Windows、Linux、macOS 等操作系统。PyInstaller 不支持源文件名中有英文句点存在，在使用时要避免。

假设 dpython.py 文件在 D 盘的 codes 文件夹中，则

```
:\>pyinstaller d:\codes\dpython.py
```

执行完，源文件所在的文件夹将生成 dist 和 build 两个文件夹，其中 build 文件夹是存储临时文件的文件夹，可以删除。最终的打包程序在 dist 内部的文件夹中。dist 文件夹中其他文件是可执行文件的动态链接模块。

可以通过 −F 参数让 Python 源文件生成一个独立的可执行文件，代码如下。

```
:\>pyinstaller -F d:\codes\dpython.py
```

8.7.2　易错点

（1）PyInstaller 不支持源文件名中有英文句点存在。

（2）在使用 PyInstaller 时，需要保证你的 Python 环境中安装了相应的模块，如 pywin32 模块等。

8.7.3　考题模拟

例 1　判断题

PyInstaller 命令执行完，源文件所在的文件夹将生成 dist 和 build 两个文件夹。（　　）

答案：正确

解析：build 文件夹主要用于 PyInstaller 存储临时文件，打包程序存放于 dist 内部的文件夹中。

例 2　判断题

直接在复杂的环境使用 PyInstaller 会使打包出来的文件十分大。（　　）

答案：正确

解析：如果直接在复杂的环境使用 PyInstaller，打包出来的文件会十分大。

例 3　判断题

使用 PyInstaller 模块需要注意的是文件路径中不能出现中文句号，可以出现英文句点。（　　）

答案：错误

解析：英文句点也不能出现。

 8.8 jieba 模块的概念与应用

8.8.1 知识点详解

jieba 模块是一款优秀的 Python 第三方中文分词模块，jieba 支持 3 种分词模式：精确模式、全模式和搜索引擎模式。

1. jieba 模块的基本使用

精确模式：试图将语句进行最精确的切分，不存在冗余数据，适用于文本分析。

全模式：将语句中所有可能是词的词语都切分出来，速度很快，但是存在冗余数据。

搜索引擎模式：在精确模式的基础上，对长词再次进行切分。

jieba 模块的函数见表 8-3。

表 8-3　jieba 模块的函数

函数	描述
jieba.cut(s)	精确模式，返回一个可迭代的数据类型
jieba.cut(s,cut_all=True)	全模式，输出文本 s 中所有可能单词
jieba.cut_for_search(s)	搜索引擎模式，适合搜索引擎建立索引的分词结果
jieba.lcut(s)	精确模式，返回一个列表，建议使用
jieba.lcut(s,cut_all=True)	全模式，返回一个列表，建议使用
jieba.lcut_for_search(s)	搜索引擎模式，返回一个列表，建议使用
jieba.add_word(w)	向分词词典中增加新词 w

这些函数的用法示例如下。

```
# 精确模式
>>> import jieba
>>> jieba.lcut(" 中国是一个伟大的国家 ")
Building prefix dict from the default dictionary ...
Loading model from cache C:\Users\25282\AppData\Local\Temp\jieba.cache
Loading model cost 0.869 seconds.
Prefix dict has been built succesfully.
[' 中国 ', ' 是 ', ' 一个 ', ' 伟大 ', ' 的 ', ' 国家 ']
# 全模式
```

```
>>> jieba.lcut("中国是一个伟大的国家",cut_all=True)
['中国', '国是', '一个', '伟大', '的', '国家']
# 搜索引擎模式
>>> jieba.lcut_for_search("中华人民共和国是伟大的")
['中华', '华人', '人民', '共和', '共和国', '中华人民共和国', '是', '伟大', '的']
# 向分词词典增加新词
>>> jieba.add_word("蟒蛇语言")
>>> jieba.lcut("Python是蟒蛇语言")
['Python', '是', '蟒蛇语言']
```

2. jieba模块应用举例

```
>>> import jieba
>>> ssn=jieba.lcut("浙江省兰溪市教育局教研室信息技术教研员,高级教师;兰溪市教
育系统"宋顺南信息技术名师工作室"负责人;"国培计划"项目授课专家;国家数字化学
习工程技术研究中心授课专家;全国青少年电子信息智能创新大赛专家组成员;全国最大的
Python编程教育社区"派森社"核心联合发起人;浙江师范大学Python网络课程摄制主播专家;
浙教版高中信息技术新教材配套教学光盘编委;浙江师范大学、宁波大学、浙江各地市教育学院、
教育研修院与教师进修学校常聘高中信息技术新课标培训授课专家;浙江省金华市首届创客大
赛规则与命题组长")
Building prefix dict from the default dictionary ...
Loading model from cache C:\Users\ThinkPad\AppData\Local\Temp\jieba.
cache
Loading model cost 0.956 seconds.
Prefix dict has been built successfully.
>>> ssn
['浙江省', '兰溪市', '教育局', '教研室', '信息技术', '教研员', ',',
'高级教师', ';', '兰溪市', '教育', '系统', '"', '宋顺南', '信息
技术', '名师', '工作室', '"', '负责人', ';', '"', '国培', '计
划', '"', '项目', '授课', '专家', ';', '国家', '数字化', '学
习', '工程技术', '研究', '中心', '授课', '专家', ';', '全国', '
青少年', '电子信息', '智能', '创新', '大赛', '专家', '组成员',
';', '全国', '最大', '的', 'Python', '编程', '教育', '社区',
'"', '派森社', '"', '核心', '联合', '发起人', ';', '浙江师范大学',
'Python', '网络', '课程', '摄制', '主播', '专家', ';', '浙教版', '高中',
'信息技术', '新教材', '配套', '教学光盘', '编委', ';', '浙江师范大学', '、',
'宁波大学', '、', '浙江', '各地', '市', '教育', '学院', '、', '教育',
'研修', '院', '与', '教师', '进修学校', '常聘', '高中', '信息技术',
```

'新课标', '培训', '授课', '专家', ';', '浙江省', '金华市', '首届', '创客', '大赛', '规则', '与', '命题', '组长']

```
>>> ssn.count("浙江省")
2
>>> ssn1=set(ssn)
>>> ssn1
```
{'宋顺南', '计划', '配套', 'Python', '高级教师', '"', '负责人', '教育局', '国家', '院', '学院', '青少年', '研修', '培训', '专家', '电子信息', '创客', ';', '的', '发起人', '派森社', '数字化', '联合', '组长', '', '中心', '浙江省', '"', '编程', '金华市', '浙江师范大学', '编委', '主播', '常聘', '工程技术', '摄制', '课程', '、', '名师', '浙江', '各地', '首届', '研究', '网络', '教育', '工作室', '高中', '大赛', '授课', '与', '宁波大学', '进修学校', '浙教版', '创新', '市', '系统', '兰溪市', '新教材', '最大', '信息技术', '教研员', '教学光盘', '全国', '学习', '智能', '规则', '核心', '新课标', '命题', '教研室', '社区', '国培', '教师', '项目', '组成员'}

```
>>> for i in ssn1:
   s=ssn.count(i)
   print(i,"...",s)
宋顺南 ... 1
计划 ... 1
配套 ... 1
Python ... 2
高级教师 ... 1
" ... 3
负责人 ... 1
教育局 ... 1
国家 ... 1
院 ... 1
学院 ... 1
青少年 ... 1
研修 ... 1
培训 ... 1
专家 ... 5
电子信息 ... 1
创客 ... 1
; ... 9
的 ... 1
发起人 ... 1
```

派森社 ... 1

数字化 ... 1

联合 ... 1

组长 ... 1

, ... 1

中心 ... 1

浙江省 ... 2

" ... 3

编程 ... 1

金华市 ... 1

浙江师范大学 ... 2

编委 ... 1

主播 ... 1

常聘 ... 1

工程技术 ... 1

摄制 ... 1

课程 ... 1

、 ... 3

名师 ... 1

浙江 ... 1

各地 ... 1

首届 ... 1

研究 ... 1

网络 ... 1

教育 ... 4

工作室 ... 1

高中 ... 2

大赛 ... 2

授课 ... 3

与 ... 2

宁波大学 ... 1

进修学校 ... 1

浙教版 ... 1

创新 ... 1

市 ... 1

系统 ... 1

兰溪市 ... 2

新教材 ... 1

最大 ... 1
信息技术 ... 4
教研员 ... 1
教学光盘 ... 1
全国 ... 2
学习 ... 1
智能 ... 1
规则 ... 1
核心 ... 1
新课标 ... 1
命题 ... 1
教研室 ... 1
社区 ... 1
国培 ... 1
教师 ... 1
项目 ... 1
组成员 ... 1

8.8.2 易错点

（1）本节内容需要记忆的知识较多，应关注其在实际编程中的灵活应用。

（2）注意观察比较 jieba 模块的 3 种分词模式的区别。

8.8.3 考题模拟

例 1 单选题

下列有关 jieba 模块的描述中，错误的是（　　）。

A. jieba 模块的分词原理是利用英文词库，将待处理的内容与词库比对后找到最大概率的词组

B. jieba.lcut(s) 返回的是一个列表

C. jieba.cut(s) 返回的可能是一个元组

D. jieba.add_word(w) 向分词词典中增加新词 w

答案：A

解析：jieba 模块的分词利用的是中文词库。

例 2 单选题

下列有关 jieba 模块的描述中，错误的是（　　）。

A. jieba 模块的分词原理是利用中文词库，将待处理的内容与词库比对后找到最大概率的词组

B. jieba.lcut(s) 返回的可能是一个元组

C. jieba.cut(s) 返回的可能是一个元组

D. jieba.add_word(w) 向分词词典中增加新词 w

答案：B

解析：jieba.lcut(s) 返回的是一个列表。

例 3　单选题

下面程序运行后的结果是（　　）。

```
import jieba
str ="大家好，我叫小云！请多多关照！"
jieba.suggest_freq((" 小云 "),True)
print(jieba.lcut(str))
```

A. '大 ", "家 ', '好 ', ', ', '我 ', '叫 ', '小 ", "云 ', '! ', '请 ', '多多 ', '关照 ', '!'

B. [' 大家 ', ' 好 ', ', ', ' 我 ', ' 叫 ', ' 小 ", " 云 ', '! ', ' 请 ', ' 多多关照 ', '!']

C. [' 大家 ', ' 好 ', ', ', ' 我 ', ' 叫 ', ' 小云 ', '! ', ' 请 ', ' 多多关照 ', '!']

D. **(** ' 大家 ', ' 好 ', ', ', ' 我 ', ' 叫 ', ' 小云 ', '! ', ' 请 ', ' 多多关照 ', '!' **)**

答案：C

解析：考核 Python 中 jieba 模块的应用。有些句子中出现了一些词语，但是被分为两个单独的字，我们可以调整词库，只需要重新加载自定义的词库即可，除此之外，我们还可以用调整词频来解决这个问题，本题把"小云"这个姓名强制设为词语而不是分割为两个单独的字。

jieba.suggest_freq((" 小云 "),True) 是全模式语法。

 ## 8.9　wordcloud 模块的概念与应用

8.9.1　知识点详解

词云将词语通过图形可视化的方式直观和艺术地展示出来。wordcloud 模块是优秀的词云展示的第三方模块，它能够将一段文本变成一个词云。wordcloud 模块是一个生成词云的 Python 包。

1. wordcloud模块的基本使用

wordcloud 模块把词云当作一个 WordCloud 对象，wordcloud.WordCloud() 代表一个文本对应的词云，可以根据文本中词语出现的频率等参数绘制词云，词云的绘制形状、尺寸和颜色都可以设定。

2. wordcloud模块常规方法

wordcloud 模块对具体词云绘制思路是：用 wordcloud 模块中的 WordCloud() 来声明一个词云。以 WordCloud 对象为基础，示例如下。

```
>>>w = wordcloud.WordCloud()
>>>w.generate(txt)     # 向 WordCloud 对象 w 中加载文本 txt
>>>w.to_file(filename) # 将词云输出为图像文件，格式为 PNG 或 JPG
```

参数说明见表8-4。

表8-4　词云参数说明

参数	说明
width	指定词云对象生成图片的宽度，默认为 400 像素
height	指定词云对象生成图片的高度，默认为 200 像素
min_font_size	指定词云中字体的最小字号，默认为 4 号
max_font_size	指定词云中字体的最大字号，根据高度自动调节
font_step	指定词云中字体字号的步进间隔，默认为 1
font_path	指定字体文件的路径，默认为 None
max_words	指定词云显示的最大单词数量，默认为 200
stop_words	指定词云的排除词列表，即不显示的单词列表
mask	指定词云形状，默认为长方形，需要引用 imread() 函数
background_color	指定词云图片的背景颜色，默认为黑色

例1：

```
import wordcloud
text = open('ABC.txt').read()
wc = wordcloud.WordCloud()
#wc.generate_from_text(text)
wc.generate(text)
wc.to_file('q.png')
```

例2：

```
from wordcloud import WordCloud
import matplotlib.pyplot as plt
```

```
f=open('ssn.txt','r').read()
wordcloud = WordCloud(background_color = "white", width = 1000 , height =
860 , margin = 2).generate(f)
plt.imshow(wordcloud)
plt.axis("off")
plt.show()
```

例 3：

```
import wordcloud as wc
# 初始化一个 WordCloud 对象，可以用于生成词云和保存图片
# 参数说明如下
#background_color：生成词云的背景颜色
#font_path：生成词云所使用的字体文件的路径
#max_words：词云中最多包含的词语数量
#width：生成词云的宽度
#height：生成词云的高度
#mask：生成图片形状的词云所使用的图片，设置该参数则 width 和 height 无效
wcg = wc.WordCloud(background_color="white", font_path='assets/msyh.
ttf')
f = {'宋顺南': 10, '高级教师': 9, '软件编程': 8, '新课标': 7, '信息技术':
6, '人工智能': 5, '大数据': 4}
#fit_words 方法将词频统计的字典传递给 WordCloud 对象
wcg.fit_words(f)
#to_file 方法保存图片文件
wcg.to_file('a.png')
```

例 4：

```
from wordcloud import WordCloud
import matplotlib.pyplot as plt #绘制图像的模块
import jieba #jieba 分词
path_txt='ssn2.txt'
f = open(path_txt,'r',encoding='UTF-8').read()
# jieba 分词，生成字符串，wordcloud 无法直接生成正确的中文词云
cut_text = " ".join(jieba.cut(f))
wordcloud = WordCloud(
# 设置字体，不然会出现口字乱码，文字的路径是计算机的字体一般路径，可以换成别的
font_path="C:/Windows/Fonts/simfang.ttf",
# 设置背景和宽高
background_color="white",width=1000,height=880).generate(cut_text)
plt.imshow(wordcloud, interpolation="bilinear")
```

```
plt.axis("off")
plt.show()
```

8.9.2 易错点

（1）留意 wordcloud 模块的函数及其参数格式。

（2）利用 wordcloud 模块编程产生词云，多动手编程实践。

8.9.3 考题模拟

例 1 单选题

要生成如下效果的图片，用不到的是以下哪个 Python 模块？（   ）

A. jieba

B. wordcloud

C. Matplotlib

D. pandas

答案：D

解析：jieba 模块用于处理中文分词，wordcloud 模块用于生成词云，Matplotlib 模块用于可视化处理，pandas 模块用于处理与分析数据。这里用不到 pandas 模块。

例 2 单选题

根据以下代码，描述错误的选项是（   ）。

```
import wordcloud
txt="what's your name?"
w=wordcloud.WordCloud(background_color="white")
w.generate(txt)
w.to_file('px.png')
```

A. background_color 指定词云图片的背景颜色，默认为白色

B. generate 向 WordCloud 对象中加载文本 txt

C. to_file 将词云输出为图像文件，格式为 PNG 或 JPG

D. wordcloud.WordCloud() 代表一个文本对应的词云

答案：A

解析：background_color 指定词云图片的背景颜色，默认为黑色。

例 3　单选题

Python 中词云主要是对文本数据中出现频率较高的"关键词"进行不同颜色、大小的渲染，在视觉上突出表现。常用的主要有 wordcloud 模块，下列是 wordcloud 模块常用参数的是（　　）。

A. width，height，background_color，max_words，mask

B. width，height，bold，memset，jieba，max_words

C. background_color，jieba，time，random，mask，max_words

D. max_words，mask，width，height，jieba，text_color

答案：A

解析：A 项均是 wordcloud 模块常用参数，B、C、D 项中的 jieba 不是 wordcloud 模块的参数。

例 4　单选题

Python 中的词云模块主要有 wordcloud 模块，在创建好词云对象后，可以使用（　　）方法生成词云，并使用 to_file 方法将词云图像保存在文件中。

A. WCloud　　　　　　B. generate　　　　　　C. random　　　　　　D. jieba

答案：B

解析：利用 WordCloud 对象的 generate 方法加载词云文本，生成词云。

例 5　判断题

wordcloud 模块生成词云有文本生成和频率生成两种方法。（　　）

答案：正确

解析：wordcloud 模块生成词云有文本生成和频率生成两种方法。

第9章 五级编程题案例及解析

 9.1 五级编程题要求

Ⅰ类题（10分）

知识内容：偏向于列表、元组的应用，解决生活和科学、数学等学科中的现实问题。

Ⅱ类题（10分）

知识内容：偏向于字符串的应用，解决生活和科学、数学等学科中的现实问题。

Ⅲ类题（10分）

知识内容：偏向于字典、集合的应用，解决生活和科学、数学等学科中的现实问题。

 9.2 案例模拟及解析

Ⅰ类题例题

简单去重问题：对于给定的列表，要求对列表中每个重复元素只输出一次，请你编程完成这个任务。

例如，对于测试列表

```
a=[11,1,14,23,11,89,14,56,89]
```

有如下 3 种方法，请你补全程序。

```
#方法1
a=[11,1,14,23,11,89,14,56,89]
result=[]
for i in a:
    if i not in result:
        ①
print("方法1:",result)
#方法2
a=[11,1,14,23,11,89,14,56,89]
for i in [j for j in a if a.count(i)>1]:
    for x in range(a.count(i)-1):
        ②
print("方法2:",a)
#方法3
a=[11,1,14,23,11,89,14,56,89]
i=0
while i<=len(a)-1:
    if a.count(a[i])>1:
        ③
    else:
        ④
print("方法3:",a)
```

答案（参考程序）：

```
#方法1
a=[11,1,14,23,11,89,14,56,89]
result=[]
for i in a:
    if i not in result:
        result.append(i)
print("方法1:",result)
#方法2
a=[11,1,14,23,11,89,14,56,89]
for i in [j for j in a if a.count(i)>1]:
    for x in range(a.count(i)-1):
        a.remove(i)
print("方法2:",a)
```

```
# 方法3
a=[11,1,14,23,11,89,14,56,89]
i=0
while i<=len(a)-1:
    if a.count(a[i])>1:
        a.pop(i)
    else:
        i+=1
print("方法3:",a)
```

试题解析及评分标准：

① result.append(i) 或等效答案（2分），向 result 追加 i；

② a.remove(i) 或等效答案（2分），在 a 中移除 i；

③ a.pop(i) 或等效答案（3分），在 a 中移除 i 处的元素；

④ i+=1 或等效答案（3分），i 的值增加 1。

Ⅱ 类题例题

进制转换问题：二进制数转十六进制数，可以先采用"按权展开，逐项相加"法，把二进制数转为十进制数；再采用"除 16 求余，逆序输出"的方法，把十进制数转为十六进制数。下列程序实现将二进制数转为十六进制数，请完善程序。

```
st="0123456789ABCDEF"
num = input("请输入一个二进制整数:")
n = ____①____
s=0
ss=""
for i in range(n):
    x=____②____
    s+=x
    t=s
while t>0:
    ss=____③____
    t= ____④____
print(ss)
```

答案（参考程序）：

```
st="0123456789ABCDEF"
```

```
num = input("请输入一个二进制整数:")
n = len(num)
s=0
ss=""
for i in range(n):
    x=int(num[i])*2**(n-i-1)
    s+=x
    t=s
while t>0:
    ss=st[t%16]+ss
    t=t//16
print(ss)
```

试题解析及评分标准:

① len(num) 或等效答案（3分），统计二进制数的位数；

② int(num[i])*2**(n-i-1) 或等效答案（3分），从左往右按权值计算每一位二进数对应的十进制的值；

③ st[t%16]+ss 或等效答案（2分），十进制数除以16，将余数对应的十六进制基数逆序累加给变量 ss；

④ t//16 或等效答案（2分），当商大于或等于16时，再次除以16。

Ⅲ 类题例题

罗马数字问题：罗马数字包含以下7种字符：I、V、X、L、C、D 和 M（见表 9-1）。27 写作 XXVII，即 XX+V+II。

表 9-1 罗马数字的字符

字符	I	V	X	L	C	D	M
数值	1	5	10	50	100	500	1000

通常情况下，罗马数字中小的数字在大的数字的右边。但也存在特例，例如 4 不写作 IIII 而是 IV，数字 1 在数字 5 的左边，所表示的数等于大的数字 5 减去小的数字 1 得到的数值 4。同样地，数字 9 表示为 IX。这个特殊的规则只适用于以下 6 种情况。

· I（1）可以放在 V（5）和 X（10）的左边，表示 4 和 9。

· X（10）可以放在 L（50）和 C（100）的左边，表示 40 和 90。

•C（100）可以放在 D（500）和 M（1000）的左边，表示 400 和 900。

现输入一个罗马数字，输出其整数结果。例如，当输入 XXII 时，输出 22；当输入 MCMXC 时，输出 1990。请编程实现上述功能，或补全以下程序。

```
rmdict = {'I':1,'V':5,'X':10,'L':50,'C':100,'D':500,'M':1000}
rm = list(input("请输入正确的罗马数字: "))
num, prew = 0, 1
for ch in rm[::-1]:
    w = ___①___
    if prew > w:
        num = num - w
    else :
        num = num + w
    prew = ___②___
print(___③___)
```

答案（参考程序）：

```
rmdict = {'I':1,'V':5,'X':10,'L':50,'C':100,'D':500,'M':1000}
rm = list(input("请输入正确的罗马数字: "))
num, prew = 0, 1
for ch in rm[::-1]:
    w = rmdict[ch]
    if prew > w:
        num = num - w
    else :
        num = num + w
    prew = w
print(num)
```

试题解析及评分标准：

① rmdict[ch] 或等效答案（4 分），逆序获取每一位罗马数字；

② w 或等效答案（3 分），更新比较标准数值，确定增加或减少累计值；

③ num 或等效答案（3 分），变量 num 用来存储累加值。

全国青少年软件编程等级考试
Python 编程
六级

全国青少年软件编程等级考试 Python 编程六级标准

一、考试标准

（1）掌握文件操作及数据格式化。

（2）掌握数据可视化操作。

（3）理解类与对象的概念，初步掌握类与对象的使用。

（4）掌握 SQLite 数据库编程基础。

（5）掌握简单的使用 Tkinter 模块的 GUI（图形用户界面）设计。

（6）能够使用上述方法编写具有指定功能的正确完整的程序。

二、考核目标

考核学生利用 Python 语言进行初步数据处理的能力，掌握 Python 的数据库编程基础。学生要初步掌握类与对象的使用，能进行简单的 GUI 设计编程。

三、能力目标

通过本级考试的学生，能够利用 Python 语言进行初步的数据处理，掌握数据库编程的能力，能利用类与对象、GUI 设计等知识进一步提高软件编程的综合能力。

四、知识块

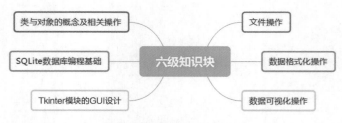

知识块思维导图（六级）

五、知识点描述

编号	知识块	知识点
1	文件操作	理解文件的编码、文本文件和二进制文件，掌握文件的读取、写入、追加与定位
2	数据格式化操作	掌握一维数据的表示、存储和处理，二维数据的表示、存储和处理，采用 CSV 格式对一二维数据文件的读写，JSON 模块的使用
3	数据可视化操作	掌握 NumPy 模块的使用、Matplotlib 模块的使用
4	类与对象的概念及相关操作	理解面向对象的概念、类与实例、属性与方法，理解创建类、创建子类、创建类实例，知道面向对象的封装、继承、多态特征
5	SQLite 数据库编程基础	掌握 SQLite 数据库的创建与简单查询、数据库的连接与关闭、创建游标等操作，掌握游标对象的 execute()、fetchone()、fetchmany()、fetchall()、scroll() 和 close() 方法
6	Tkinter 模块的 GUI 设计	掌握 Tkinter 模块常用组件、窗体组件布局、用户事件响应与自定义函数绑定

知识点思维导图（六级）

六、题型配比及分值

知识体系	单选题	判断题	编程题
文件操作（22 分）	8 分	4 分	10 分
数据格式化操作（14 分）	10 分	4 分	0 分
数据可视化操作（12 分）	8 分	4 分	0 分
类与对象的概念及相关操作（22 分）	8 分	4 分	10 分
SQLite 数据库编程基础（20 分）	8 分	2 分	10 分
Tkinter 模块的 GUI 设计（10 分）	8 分	2 分	0 分
分值	50 分	20 分	30 分
题数	25 道	10 道	3 道

第 10 章　文件操作

10.1　学习要点

（1）文件的概念；

（2）文件操作；

（3）文件操作案例。

10.2　对标内容

掌握文件操作。

10.3　情景导入

老师和同学们经常需要处理大量的教学文件，包括文本文档、电子表格和 PDF 文件等，需要创建、编辑、组织、下载和上传这些文件，并对其中的重要文件进行备份，以防止文件丢失或损坏；程序员需要编写、修改和调试代码，创建、修改、删除和移动源代码文件及其他配置文件；平面设计师需要处理各种图形文件，如 JPEG、PNG、GIF 和 SVG 等文件，需要创建、编辑、导出和上传这些文件；音乐制作人需要处理音频文件，如 WAV、MP3 和 FLAC 等文件，需要创建、编辑、混合和导出这些文件。

以上都是使用文件操作的真实情景，这些操作给各行各业带来便利。

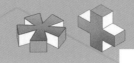

10.4 文件的概念

按数据的组织形式可以把文件分为文本文件和二进制文件两大类。

文本文件存储的是常规字符串，由若干文本行组成，通常每行以换行符"\n"结尾。常规字符串是指记事本之类的文本编辑器能正常显示、编辑，并且人类能够直接阅读和理解的字符串，如英文字母、汉字、数字字符串。在 Windows 平台中，文件扩展名为 .txt、.log、.ini 的文件都是文本文件，可以使用文本编辑器（如记事本）进行编辑。实际上文本文件在磁盘上也是以二进制形式存储的，只是在读取和查看时使用正确的编码方式进行解码，还原为字符串信息，所以可以直接阅读和理解。

常见的图形图像文件、音视频文件、可执行文件、资源文件、各种数据库文件、各类 Office 文档等都属于二进制文件。二进制文件把信息以字节串进行存储，无法用记事本或其他普通文本编辑器直接进行编辑，通常也无法直接阅读和理解，需要使用正确的软件进行解码或反序列化之后才能正确地读取、显示、修改或执行，使用记事本查看时显示乱码。

10.4.1 知识点详解

1. open() 方法

open() 方法用指定模式打开一个文件，并返回文件对象。

使用 open() 方法一定要保证关闭文件对象，即调用 close() 方法。open() 方法常用形式是接收两个参数：file(文件名) 和 mode(模式)。

```
open(file, mode='r')
```

完整的语法格式如下。

```
open(file, mode='r', buffering=-1, encoding=None, errors=None,
newline=None, closefd=True, opener=None)
```

参数说明如下。

● file：必需，文件路径（相对或者绝对路径）。

● mode：可选，文件打开模式。

● buffering：设置缓冲。

● encoding：一般使用 UTF-8。

● errors：报错级别。

● newline：区分换行符。

● closefd：传入的 file 参数类型。

● opener：设置自定义开启器，开启器的返回值必须是一个打开的文件描述符。

默认的打开模式为文本模式，如果要以二进制模式打开，需要加上 b。mode 参数说明见表 10-1。

表 10-1　mode 参数说明

参数	描述
t	文本模式（默认）
x	写模式，新建一个文件，如果该文件已存在则会报错
b	二进制模式
+	打开一个文件进行更新（可读可写）
r	以只读方式打开一个文件，文件指针将会放在文件的开头，这是默认模式
rb	以二进制模式、只读方式打开一个文件，文件指针将会放在文件的开头，这是默认模式，一般用于非文本文件，如图片等
r+	以读写方式打开一个文件，文件指针将会放在文件的开头
rb+	以二进制模式、读写方式打开一个文件，文件指针将会放在文件的开头，一般用于非文本文件，如图片等
w	以只写方式打开一个文件。如果该文件已存在，则打开文件，并从开头开始编辑，即原有内容会被删除；如果该文件不存在，则创建新文件
wb	以二进制模式、只写方式打开一个文件。如果该文件已存在，则打开文件，并从开头开始编辑，即原有内容会被删除；如果该文件不存在，则创建新文件。一般用于非文本文件，如图片等
w+	以读写方式打开一个文件。如果该文件已存在，则打开文件，并从开头开始编辑，即原有内容会被删除；如果该文件不存在，则创建新文件
wb+	以二进制模式、读写方式打开一个文件。如果该文件已存在，则打开文件，并从开头开始编辑，即原有内容会被删除；如果该文件不存在，则创建新文件。一般用于非文本文件，如图片等
a	打开一个文件进行追加。如果该文件已存在，文件指针将会放在文件的结尾，也就是说，新的内容将会被写入已有内容之后；如果该文件不存在，则创建新文件进行写入
ab	以二进制模式打开一个文件进行追加。如果该文件已存在，文件指针将会放在文件的结尾，也就是说，新的内容将会被写入已有内容之后；如果该文件不存在，则创建新文件进行写入
a+	以读写方式打开一个文件。如果该文件已存在，文件指针将会放在文件的结尾，文件打开时会是追加模式；如果该文件不存在，则创建读写方式的新文件
ab+	以二进制模式打开一个文件进行追加。如果该文件已存在，文件指针将会放在文件的结尾；如果该文件不存在，则创建读写方式的新文件

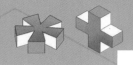

2. file对象常用的方法

（1）file.close()，关闭文件，关闭后文件不能再进行读写操作。

（2）file.read([size])，从文件读取指定的字节数，如果参数未给定或为负，则读取所有。

（3）file.readline([size])，读取整行，包括 "\n" 字符。

（4）file.readlines([sizeint])，读取所有行并返回列表，若给定 sizeint>0，返回总和大约为 sizeint 字节的行，实际读取值可能比 sizeint 较大，因为需要填充缓冲区。

（5）file.seek(offset[, whence])，移动文件指针到指定位置。

（6）file.tell()，返回文件当前位置。

（7）file.write(str)，将字符串写入文件，返回的是写入的字符长度。

（8）file.writelines(sequence)，向文件写入一个序列字符串列表，如果需要换行，则要自己加入每行的换行符。

3. with关键字

with 关键字可以自动管理资源，不论因为什么（哪怕是代码引发了异常）跳出 with 语句，总能保证文件被正确关闭，可以在语句执行完毕后自动还原进入该语句时的上下文。用于读写文件内容时，with 语句的用法如下。

```
with open(file,mode,encoding) as fp:        # 读写内容
```

例如：

```
with open("test.txt", "wt") as out_file:
    out_file.write(" 该文本会写入文件中 \n 看到我了吧！ ")
with open("test.txt", "rt") as in_file:
    text = in_file.read()
print(text)
```

10.4.2 易错点

（1）mode 参数较多，容易混淆，注意对比识记。

（2）file 对象常用的方法及功能较多，容易混淆，注意对比识记。

10.4.3 考题模拟

例 1 单选题

下列有关文本文件和二进制文件的说法中，不正确的是（　　）。

A. 文本文件存储的是英文字母、汉字、数字字符串，而图形图像、音视频文件、各种数据库文件等都属于二进制文件

B. 文本文件和二进制文件都可以使用文本编辑器（如记事本）进行编辑和查看

C. 文本文件和二进制文件在计算机内部都以二进制形式存储

D. 在 Windows 平台中文件扩展名为 .txt、.log、.ini 的文件都是文本文件

答案：B

解析：文本文件可以使用文本编辑器（如记事本）进行编辑，在读取和查看时使用正确的编码方式进行解码，还原为字符串信息，所以可以直接阅读和理解。但是二进制文件把信息以字节串进行存储，无法用记事本或其他普通文本编辑器直接进行编辑，通常无法直接阅读和理解，需要使用正确的软件进行解码或反序列化之后才能正确地读取、显示、修改和执行，使用记事本查看时显示乱码。故选项 B 错误。

例 2 单选题

编写 Python 程序时，需要打开代码同文件夹下的 test.txt 文件，使用 open() 方法以只读方式打开，下列代码中正确的是（　　）。

A. open('test.txt','r")　　　　B. open('text.txt','w')

C. open('test.txt','a')　　　　D. open('text.txt','a+')

答案：A

解析：根据 open() 方法的相关方式可知，只读方式参数为 r，故本题选 A。

例 3 单选题

在 Python 中，open() 方法用指定模式打开一个文件并返回文件对象，常用形式是接收两个参数：file（文件名）和 mode（模式）。下列哪个模式参数用于以二进制模式打开一个文件进行追加？（　　）

A. w+　　　　　B. wb+　　　　　C. a+　　　　　D. ab+

答案：D

解析：mode 参数中，w+ 表示以读写方式打开一个文件。如果该文件已存在，则从开头开始编辑，即原有内容会被删除；如果该文件不存在，则创建新文件。

wb+ 表示以二进制模式、读写方式打开一个文件。如果该文件已存在，则从开头开始编辑，即原有内容会被删除；如果该文件不存在，则创建新文件。一般用于非文本文件，如图片等。

a+ 表示以读写方式打开一个文件。如果该文件已存在，文件指针将会放在文件的结尾，文件打开时会是追加模式；如果该文件不存在，则创建读写方式的新文件。

ab+ 表示以二进制模式打开一个文件进行追加。如果该文件已存在，文件指针将会放在文件的结尾；如果该文件不存在，则创建读写方式的新文件。

例 4　单选题

有如下 Python 代码，关于这段代码描述正确的是（　　）。

```python
with open('test.txt') as f:
    data=f.readline()
print(data)
```

A. 读取 test.txt 文件中的所有内容

B. 读取 test.txt 文件中的一行数据，返回的数据是列表

C. 读取 test.txt 文件中的一行数据，返回的数据是字符串

D. 无法打开 test.txt 文件

答案：C

解析：readline() 读取文件中的一行数据，返回的内容为字符串，故选 C。

例 5　单选题

已知文本文件 num.txt 中的内容如下图所示。

则执行以下代码，输出结果为（　　）。

```python
with open('num.txt', 'w') as f:
        f.write('000')
with open('num.txt', 'r') as f:
        list=f.readlines()
for i in range(0, len(list)):
        print(list[i].strip('\n'))
f.close()
```

A. 000	B. 1	C. 000	D. 1
1	12	12	12
12	123	123	123
123	000		

答案：C

解析：w 表示以只写方式打开一个文件。如果该文件已存在，则打开文件，并从开头开始编辑，即原有内容会被删除；如果该文件不存在，则创建新文件。r 表示以只读方式打开文件，文件指针将会放在文件的开头。 所以在执行完第一个 with 语句后，文本文件中原有内容被删除，只剩下新写入的 '000'。故选 C。

例6 单选题

有如下 Python 代码，test1.txt 文件内容如下图所示，test2.txt 文件无内容，执行该代码后，下列说法中正确的是（　　）。

```python
with open('test1.txt') as f:
    data=f.readline()
with open('test2.txt','w') as f:
    f.write(data)
```

A. test2.txt 文件中仍旧无内容

B. test2.txt 文件中的内容为 'hello world,'

C. test2.txt 文件中的内容为 'hello world,I like Python'

D. test1.txt 文件中的内容将丢失

答案：B

解析：test2.txt 文件以只写方式打开，将 test1.txt 文件读取的第一行写入，故选 B。

例 7　单选题

执行以下代码，输出结果为（　　）。

```
f=open('tt.txt','w')
f.write('Hello python')
f.close()
f=open('tt.txt','r')
f.seek(6,0)
print(f.read())
f.close()
```

A. Hello-python　　　　B. Hello　　　　C. -python　　　　D. python

答案：D

解析：文件对象 .seek(offset , whence=SEEK_SET) 的功能为移动文件指针到指定位置。参数为 offset（偏移量）和 whence（起始位置）。whence 为 0，表示文件开始的位置；whence 为 1，表示指针当前的位置；whence 为 2，表示文件结尾的位置。

```
f=open('tt.txt','r')
f.seek(6,0)   #把指针从文件开头向后移动 6 个单位，读取文件
print(f.read())
f.close()
```

程序输出结果为 python，选择 D。

例 8　判断题

open() 方法的 rb+ 模式表示以二进制模式、读写方式打开一个文件，文件指针将会放在文件开头。（　　）

答案：正确

例 9　判断题

二进制文件也可以使用记事本或其他文本编辑器打开，一般来说无法正常查看其中的内容。（　　）

答案：正确

 ## 10.5 文件操作案例

10.5.1 案例1：平均分问题

有 10 位选手参加某项比赛，共有 10 位评委参与评分。每位选手得分已保存在 score1.txt 文件中，如图 10-1 所示。第 1 行表示 1 号选手的所有得分，第 2 行表示 2 号选手的所有得分，依次类推。最终得分的计分规则为去掉一个最高分，去掉一个最低分，求余下分数的平均分。请找出最终得分最高的选手。

```
📒 score1.txt - 记事本
文件(F)  编辑(E)  格式(O)  查看(V)  帮助(H)
8.3    7.9    7.3    6.5    7.1    6.6    9.8    8.9    9.2    8.8
8.6    7.6    9.8    8.7    9.2    6.5    8.3    7.2    8.6    5.9
7.7    7.2    8.4    8.0    7.4    7.9    7.7    7.8    8.3    9.2
8.7    9.3    7.4    7.1    7.4    6.8    6.6    5.8    4.9    5.3
7.8    7.4    9.3    9.6    9.8    8.3    8.6    9.5    9.4    9.1
9.8    8.9    9.2    8.8    8.7    7.8    6.8    6.0    6.0    6.9
8.2    9.5    7.8    7.2    6.8    6.3    6.7    7.1    8.0    7.2
7.9    8.7    9.1    9.7    7.8    9.6    9.8    9.3    9.8    7.8
7.6    9.4    8.5    8.0    8.0    8.1    8.1    8.4    9.3    9.2
9.4    8.0    8.3    8.6    9.5    9.4    9.3    8.4    7.5    6.9
```

图10-1　score1.txt文件内容

程序如下。

```python
with open("___①___", encoding="UTF-8") as f:
    data = f.readline().strip()
    i = 0
    m = 0
    while data:
        ___②___
        score = list(map(float, data.split()))
        result = (sum(score) - min(score) - max(score)) / (len(score) - 2)
        if ___③___:
            m = result
            pos = i
        data = ___④___.strip()
print("成绩最佳的选手是：" + ___⑤___ + "号，得分：" + str(m) + "分")
```

请在画线处填入正确的代码。

解析：

① score1.txt 或等效答案，打开 score1.txt 文件；

② i += 1 或等效答案，选手编号为 i+1；

③ result>m 或等效答案，变量 m 暂存较大的平均分；

④ f.readline() 或等效答案，读取下一条记录，存储在 data 列表中；

⑤ str(pos) 或等效答案，pos 是选手编号。

10.5.2　案例2：简单加密问题

如图 10-2 所示，已知一行由英文字母（A~Z，a~z）和数字（0~9）组成的字符串的加密规则如下：大写英文字母向后移 1 位，如 A → B，B → C，…，Y → Z，Z → A；小写英文字母向后移 2 位，如 a → c，b → d，…，x → z，y → a，z → b；数字字符向前移 3 位，如 0 → 7，1 → 8，2 → 9，3 → 0，4 → 1，…，9 → 6。已知 0 的 ASCII 值为 48，A 的 ASCII 值为 65，a 的 ASCII 值为 97。

图10-2　加密前后的字符串

以下 Python 程序为解密过程，请填写画线处。

```
with open('miwen.txt','r') as f1:  #打开 miwen.txt 文件
    file=list(____①____)   #读取整行数据，转换成列表
f1.close()  #关闭文件
for i in range(____②____):   #逐个读取字符，列表的索引默认从 0 开始
    if file[i].isupper():  #若为大写英文字母
        if file[i]=="A":  #若为大写英文字母 A，得保证前移 1 位为 Z
            file[i]=chr(91)
        file[i]=chr(ord(file[i])-1)   #前移 1 位解密
    if file[i].islower():    #若为小写英文字母
        file[i]=chr((ord(file[i])+24-97)%26+97)   #前移 2 位解密，b 得保证前移
2 位为 z
    if file[i]>='0' and file[i]<='9':  #若为数字字符
        file[i]=chr(____③____)   #后移 3 位解密，0 得保证后移 3 位为 3
```

```
new=''.join(file)    # 列表中的每个元素以字符 '' 分隔开再拼接成一个字符串
print(new)   # 打印解密后的字符串
with open('yuanwen.txt','w+') as f2:    # 打开 yuanwen.txt 文件
    f2.___④___(new)   # 将解密后的字符串写入文件
f2.close()   # 关闭文件
```

解析：

① f1.readline() 或 f1.read() 或等效答案，读取整行数据，转换成列表；

② 0,len(file) 或等效答案，逐个读取字符，列表的索引默认从 0 开始；

③ (ord(file[i])+3-48)%10+48 或等效答案，后移 3 位解密，0 得保证后移 3 位为 3；

④ write 或等效答案，将解密后的字符串写入文件。

10.5.3　案例3：随机列表问题

随机生成一个长度为 100 的整数列表，其元素范围为 1～100，将该列表以每 10 个一行（元素之间以空格分隔）写入一个文本文件（record.txt），将该文本文件中的数字读入一个列表，并按数字的升序输出该列表，请补充下面程序。

注：enumerate() 取出的两个值，一个为数的索引，一个为数的值。

```
from random import randint
lis = [ ]
for i in range(100):
    lis.append(randint(1,100))
with open("record.txt", " ___①___ ") as f:
    str = ""
    for i, v in enumerate(lis):
        str = str + "{} ".format(v)
        if ___②___ == 0:
            b = ___③___ (str + "\n")
            str = ""
lis_date = [ ]
with open("record.txt") as f:
    for line in ___④___ :
        line = line.strip()
        data = line.split()
        for v in data:
            lis_date.append(eval(v))
```

```
last_date = ___⑤___(lis_date)
print(last_date)
```

解析：

① w 或等效答案（用写模式创建文件）；

② (i + 1)%10 或等效答案（取 10 的倍数）；

③ f.write 或等效答案（写入文件）；

④ f.readlines() 或等效答案（读取出每一行）；

⑤ sorted 或等效答案（排序）。

第 11 章　数据格式化操作

11.1　学习要点

（1）JSON 模块的概念与操作；

（2）NumPy 的概念与安装；

（3）NumPy 的 ndarray 对象；

（4）NumPy 数据类型；

（5）NumPy 数据类型对象 (dtype)；

（6）NumPy 数组属性；

（7）NumPy 创建数组；

（8）NumPy 切片和索引；

（9）NumPy 算术函数。

11.2　对标内容

掌握数据格式化操作。

11.3　情景导入

　　NumPy 在数据分析、机器学习、科学计算、计算机视觉等领域中都有广泛的应用。NumPy 常用于数据分析，例如，金融分析师可以使用 NumPy 来分析股票市场的趋势，经济学家可以使用 NumPy 来分析人口数据；在机器学习领域，

使用 NumPy 可以方便地处理和操作数据集，构建和训练各种机器学习模型；在科学计算领域，NumPy 可以帮助科学家和工程师进行复杂的数学运算和模拟，例如，使用 NumPy 来模拟和分析粒子运动，分析和模拟生物系统的行为；在计算机视觉领域，NumPy 可用于图像处理和特征提取等任务。

本章将带领你学习 NumPy 的简单操作。

11.4　JSON 模块的概念与操作

JSON 模块主要包括两类：操作类函数和解析类函数。操作类函数主要完成外部 JSON 格式和程序内部数据类型之间的转换功能；解析类函数主要用于解析键值对内容。JSON 格式包括对象和数组，用大括号 {} 和中括号 [] 表示，分别对应键值对的组合关系和对等关系。使用 JSON 模块时，需要注意 JSON 格式的"对象"和"数组"概念与 Python 语言中的"字典"和"列表"的区别和联系，一般来说，JSON 格式的对象将被解析为字典，JSON 格式的数组将被解析为列表。

JSON 模块包含两个过程：编码和解码。编码是将 Python 类型变换成 JSON 类型的过程，解码是从 JSON 类型中解析数据对应的 Python 类型的过程。

11.4.1　知识点详解

使用Python语言来编码和解码JSON类型

JSON（JavaScript Object Notation）是一种轻量级的数据交换格式，易于阅读和编写。

使用 JSON 函数需要导入 JSON 模块：import json。JSON 函数如下。

json.dumps() 用于将 Python 类型编码成 JSON 类型。

json.loads() 用于将已编码的 JSON 类型解码为 Python 类型。

（1）json.dumps() 语法如下。

```
json.dumps(obj, skipkeys=False, ensure_ascii=True, check_
circular=True, allow_nan=True, cls=None, indent=None, separators=None,
encoding="utf-8", default=None, sort_keys=False, **kw)
```

例如：

```
import json
```

```
data = [ { 'A' : 1, 'B' : 2, 'C' : 3, 'D' : 4, 'E' : 5 } ]
data2 = json.dumps(data)
print(data2)
```

运行结果如下。

```
[{"A": 1, "B": 2, "C": 3, "D": 4, "E": 5}]
```

Python 类型转换为 JSON 类型的对比见表 11-1。

表 11-1　Python 类型转换为 JSON 类型

Python 类型	JSON 类型
dict	object
list, tuple	array
str, unicode	string
int, long, float	number
True	true
False	false
None	null

（2）json.loads() 语法如下。

```
json.loads(s[, encoding[, cls[, object_hook[, parse_float[, parse_int[,
parse_constant[, object_pairs_hook[, **kw]]]]]]]])
```

例如：

```
import json
jsonData = '{"A":1,"B":2,"C":3,"D":4,"E":5}'
text = json.loads(jsonData)
print(text)
```

运行结果如下。

```
{'A': 1, 'B': 2, 'C': 3, 'D': 4, 'E': 5}
```

JSON 类型转换为 Python 类型的对比见表 11-2。

表 11-2　JSON 类型转换为 Python 类型

JSON 类型	Python 类型
object	dict
array	list
string	unicode
number（int）	int, long
number（real）	float
true	True
false	False
null	None

11.4.2 易错点

（1）留意 JSON 类型与 Python 类型的区别。

（2）留意 json.dumps() 与 json.loads() 的区别。

11.4.3 考题模拟

例 1 单选题

有如下程序：

```python
import json
s = '''[{"name":"kingsan","age":23},
        {"name":"xiaolan","age":22}]
    '''
print(type(s))
data = json.loads(s)
print(data)
print(type(data))
```

下列说法中正确的是（   ）。

A. s 的数据类型是 list

B. data 的数据类型是字符串

C. loads() 用于将字符串转化为 JSON 对象

D. JSON 数据可以用双引号来包围，也可以用单引号

答案：C

解析：s 的数据类型是 str；data 的数据类型是 list；loads() 将字符串转换为 JSON 对象；JSON 数据需要用双引号来包围，不能使用单引号，不然易出现解析错误。

例 2 判断题

JSON 模块主要包括两类：操作类函数和解析类函数。操作类函数主要完成外部 JSON 格式和程序内部数据类型之间的转换；解析类函数主要用于解析键值对内容。（   ）

答案：正确

例 3 判断题

JSON（JavaScript Object Notation）是一种流行的结构化数据的方式，可以使用 json.loads() 返回 JSON 字符串。（　　）

答案：错误

解析：loads() 用于将字符串转换为 JSON 对象。

例 4 判断题

JSON 的 loads 和 load 方法的区别是，loads 操作的是字符串，load 操作的是文件流。（　　）

答案：正确

 11.5 NumPy 的概念与安装

11.5.1 知识点详解

1. NumPy的概念

NumPy（Numerical Python）是 Python 的一个扩展模块，支持大量的维度数组与矩阵运算。NumPy 是一个运行速度非常快的数学模块，主要用于数组运算，针对数组运算提供大量的数学函数。

NumPy 通常与 SciPy（Scientific Python）和 Matplotlib（绘图模块）一起使用，是一个强大的科学计算环境，有助于我们学习数据科学或者机器学习。

SciPy 是一个开源的 Python 算法模块和数学工具包。包含的模块有最优化、线性代数、积分、插值、特殊函数、快速傅里叶变换、信号处理和图像处理、常微分方程求解和其他科学与工程中常用的计算。

Matplotlib 是 Python 编程语言及 NumPy 的可视化操作界面。它为利用通用的图形用户界面工具包（如 Tkinter、wxPython、Qt）向应用程序嵌入式绘图提供了应用程序接口（API）。

2. NumPy的安装

使用 pip 工具安装 NumPy 的命令如下。

```
pip3 install --user numpy scipy matplotlib
```

--user 选项用于设置只安装在当前用户的 Python 环境下，而不是写入系统目录。

我们可以使用清华大学的镜像：

```
pip3 install numpy scipy matplotlib -i 清华源网站
```

用以下代码测试是否安装成功。

```
>>> from numpy import *
>>> eye(3)    #eye(3) 生成对角矩阵
array([[1., 0., 0.],
       [0., 1., 0.],
       [0., 0., 1.]])
```

11.5.2　易错点

正确理解如何用 pip 工具安装 NumPy 模块。

11.5.3　实践操作模拟

（1）在 Windows 命令提示符窗口执行：

```
pip3 install --user numpy scipy matplotlib
```

（2）在 Windows 命令提示符窗口执行：

```
pip3 install numpy scipy matplotlib -i 清华源网站
```

 ## 11.6　NumPy 的 ndarray 对象

11.6.1　知识点详解

1. ndarray对象

NumPy 最重要的一个特点是具有多维数组对象 ndarray，它是用于存放同类型元素的多维数组，以 0 下标开始进行元素的索引，每个元素在内存中都有相同存储大小的区域。

2. 创建一个ndarray

```
numpy.array(object, dtype = None, copy = True, order = None, subok =
False, ndmin = 0)
```

ndarray 对象的参数说明见表 11-3。

表 11-3　ndarray 对象的参数说明

名称	描述
object	数组或嵌套的数列
dtype	数组元素的数据类型，可选
copy	对象是否需要复制，可选
order	创建数组的样式，C 为行顺序，F 为列顺序，A 为任意顺序（默认）
subok	默认返回一个与基类类型一致的数组
ndmin	指定生成数组的最小维度

ndarray 对象由计算机内存的连续一维部分组成，并结合索引模式，将每个元素映射到内存块中的一个位置。内存块以行顺序(C 样式)或列顺序(FORTRAN 或 MATLAB 风格，即 F 样式) 来保存元素。

例 1：

```
import numpy as np
a = np.array([6,7,8])
print (a)
```

输出结果为

```
[6 7 8]
```

例 2：

```
# 多于一个维度
import numpy as np
a = np.array([[6, 7], [8, 9]])
print (a)
```

输出结果为

```
[[6  7]
 [8  9]]
```

例 3：

```
# 最小维度
import numpy as np
```

```
a = np.array([3, 4, 5, 6, 7], ndmin = 2)
print (a)
```

输出结果为

```
[[3 4 5 6 7]]
```

例 4：

```
# dtype 参数
import numpy as np
a = np.array([4, 5, 6], dtype = complex)
print (a)
```

输出结果为

```
[4.+0.j 5.+0.j 6.+0.j]
```

11.6.2　易错点

（1）根据不同的要求，创建 ndarray 对象。

（2）留意不同类型的 ndarray 对象的创建方法。

11.6.3　考题模拟

例 1　单选题

运行下列 Python 程序的结果是（　　）。

```
import numpy as np
a = np.array([6,7,8])
print (a)
```

A. [6. 7. 8.]　　　　B. [6 7 8]　　　　C. (6. 7. 8.)　　　　D. (6 7 8)

答案：B

解析：考查一维数组对象的定义。

例 2　判断题

用 numpy.empty([2,3]) 可以创建一个数据都为 0 的 2 行 3 列数组。（　　）

答案：错误

解析：numpy.empty() 方法创建的是未初始化的数组，但初始值不为 0。

 11.7 NumPy 数据类型

11.7.1 知识点详解

NumPy 支持的数据类型比 Python 内置的类型要多，其中部分类型对应 Python 内置的类型。常用的 NumPy 基本类型见表 11-4。

表 11-4　常用的 NumPy 基本类型

类型	描述
bool_	布尔型数据类型（True 或者 False）
int_	默认的整数类型（类似于 C 语言中的 long、int32 或 int64）
intc	与 C 语言中的 int 类型一样，一般是 int32 或 int64
intp	用于索引的整数类型（类似于 C 语言中的 ssize_t，一般情况下仍然是 int32 或 int64）
int8	字节（−128~127）
int16	整数（−32768~32767）
int32	整数（−2147483648~2147483647）
int64	整数（−9223372036854775808~9223372036854775807）
uint8	无符号整数（0~255）
uint16	无符号整数（0~65535）
uint32	无符号整数（0~4294967295）
uint64	无符号整数（0~18446744073709551615）
float_	float64 类型的简写
float16	半精度浮点数，包括 1 个符号位、5 个指数位、10 个尾数位
float32	单精度浮点数，包括 1 个符号位、8 个指数位、23 个尾数位
float64	双精度浮点数，包括 1 个符号位、11 个指数位、52 个尾数位
complex_	complex128 类型的简写，即 128 位复数
complex64	复数，表示双 32 位浮点数（实数部分和虚数部分）
complex128	复数，表示双 64 位浮点数（实数部分和虚数部分）

NumPy 的数据类型实际上是 dtype 对象的实例，并对应唯一的字符，包括 np.bool_、np.int32、np.float32 等。

11.7.2 易错点

（1）NumPy 支持的数据类型较多，要加以比较与区分。

（2）复数暂时不列入命题。

11.7.3　上机操作

1. numpy.int32

```python
import numpy as np
# 创建一个 NumPy 数组，元素为 32 位整数
arr1 = np.array([1, 2, 3], dtype=np.int32)
print(arr1)
```

2. numpy.int64

```python
import numpy as np
# 创建一个 NumPy 数组，元素为 64 位整数
arr2 = np.array([1, 2, 3], dtype=np.int64)
print(arr2)
```

3. numpy.float32

```python
import numpy as np
# 创建一个 NumPy 数组，元素为 32 位浮点数
arr3 = np.array([1.1, 2.2, 3.3], dtype=np.float32)
print(arr3)
```

4. numpy.float64

```python
import numpy as np
# 创建一个 NumPy 数组，元素为 64 位浮点数
arr4 = np.array([1.1, 2.2, 3.3], dtype=np.float64)
print(arr4)
```

5. numpy.complex

```python
import numpy as np
# 创建一个 NumPy 数组，元素为复数
arr5 = np.array([1+2j, 2+3j, 3+4j], dtype=np.complex)
print(arr5)
```

6. numpy.bool_

```python
import numpy as np
# 创建一个 NumPy 数组，元素为布尔型数据
arr6 = np.array([True, False, True], dtype=np.bool_)
print(arr6)
```

以上是 NumPy 中一些常用的数据类型，每种类型都有其特定的用途，根据实际需要选择合适的数据类型即可。

11.8 NumPy 数据类型对象 (dtype)

11.8.1 知识点详解

数据类型对象（numpy.dtype 类的实例）用来描述与数组对应的内存地址使用方案。它描述数据的 5 方面要素。

（1）数据的类型（整数、浮点数或者 Python 对象）。

（2）数据的大小（例如，整数使用多少字节存储）。

（3）数据的字节顺序（小端法或大端法）。

（4）在结构化类型的情况下，字段的名称、每个字段的数据类型和每个字段所取内存块部分。

（5）如果数据类型是子数组，那么它的形状是什么。

字节顺序是通过对数据类型预先设定 "<" 或 ">" 来决定的。"<" 意味着小端法（最低有效字节存储在最小的地址，即低位组放在最前面），">" 意味着大端法（最高有效字节存储在最小的地址，即高位组放在最前面）。

dtype 可由以下语法构造。

```
numpy.dtype(object, align, copy)
```

参数说明如下。

object：要转换为的数据类型对象。

align：如果为 True，填充字段使其类似 C（行顺序）的结构体。

copy：复制 dtype 对象，如果为 False，则是对内置数据类型对象的引用。

例 1：

```
import numpy as np
d=np.dtype(np.int32)    # 使用标量类型
print(d)
```

输出结果为

```
int32
```

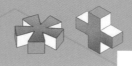

例 2：

```
import numpy as np
d=np.dtype('i4')   # int8、int16、int32、int64 这 4 种数据类型可以使用字符串
'i1'、'i2'、'i4'、'i8' 代替
print(d)
```

输出结果为

```
int32
```

例 3：

```
import numpy as np
d=np.dtype('<i4')  # 字节顺序标注
print(d)
```

输出结果为

```
int32
```

下面实例展示结构化数据类型的使用，类型字段和对应的实际类型将被创建。

例 4：

```
import numpy as np
d=np.dtype([('age',np.int8)]) # 首先创建结构化数据类型
print(d)
```

输出结果为

```
[('age', 'i1')]
```

例 5：

```
import numpy as np
d=np.dtype([('age',np.int8)]) # 将数据类型应用于 ndarray 对象 a
a=np.array([(1,),(2,),(3,)], dtype = d)
print(a)
```

输出结果为

```
[(1,) (2,) (3,)]
```

例 6：

```
import numpy as np
d=np.dtype([('age',np.int8)]) # 类型字段名可以用于存取实际的 age 列
a = np.array([(1,),(2,),(3,)], dtype = d)
print(a['age'])
```

输出结果为

```
[1 2 3]
```

下面的例子定义一个结构化数据类型 st，包含字符串字段 name、整数字段 age 和浮点字段 marks，并将这个 dtype 应用到 ndarray 对象。

例 7：

```
import numpy as np
st= np.dtype([('name','S20'), ('age', 'i1'), ('marks', 'f4')])
print(st)
```

输出结果为

```
[('name', 'S20'), ('age', 'i1'), ('marks', 'f4')]
```

例 8：

```
import numpy as np
st = np.dtype([('name','S20'), ('age', 'i1'), ('marks', 'f4')])
a = np.array([('abc', 2, 5),('xyz', 8, 7)], dtype = st)
print(a)
```

输出结果为

```
[(b'abc', 2, 5.), (b'xyz', 8, 7.)]
```

每个内置数据类型都有一个唯一定义它的字符，见表 11-5。

表 11-5　内置数据类型的定义字符

字符	对应类型
b	布尔型
i	整型（有符号）
u	无符号整型
f	浮点型
c	复数浮点型
m	时间间隔（timedelta）
M	日期时间（datetime）
O	（Python）对象
S, a	字符串（byte-）
U	Unicode
V	原始数据（void）

11.8.2　易错点

（1）int8、int16、int32、int64 4 种数据类型可以使用字符串 'i1'、'i2'、'i4'、'i8' 代替。

（2）注意数据类型对象与数据类型的概念区分。

11.8.3　考题模拟

例 1　单选题

运行下列 Python 程序的结果是（　　）。

```
import numpy as np
d=np.dtype([('age',np.int8)])
a = np.array([(1,),(2,),(3,)], dtype = d)
print(a['age'])
```

A. [1. 2. 3.]　　　　　B. [(1,) (2,) (3,)]　　　　　C. [1 2 3]　　　　　D. (1 2 3)

答案：C

解析：数据类型 d 应用于 ndarray 对象 a，类型字段名用于存取实际的 age 列。

11.9　NumPy 数组属性

11.9.1　知识点详解

（1）ndarray.ndim 是 NumPy 的数组中比较重要的 ndarray 对象属性，用于返回数组的维数，即秩，示例如下。

```
import numpy as np
a = np.arange(24)
print (a.ndim)   # a是一个维度
#下面调整a的秩
b = a.reshape(2,4,3)   # b是3个维度
print (b.ndim)
```

输出结果为

```
1
3
```

（2）ndarray.shape 是 NumPy 数组中比较重要的 ndarray 对象属性。

ndarray.shape 表示数组的维度，返回一个元组，这个元组的长度就是维度的数目，即 ndim 属性（秩）。例如，一个二维数组，其维度表示"行数"和"列数"，示例如下。

```
import numpy as np
a = np.array([[1,2,3],[4,5,6]])
print (a.shape)
```

输出结果为

```
(2, 3)
```

ndarray.shape 也可以用于调整数组大小，示例如下。

```
import numpy as np
a = np.array([[1,2,3],[4,5,6]])
a.shape = (3,2)
print (a)
```

输出结果为

```
[[1 2]
 [3 4]
 [5 6]]
```

（3）NumPy 还提供了 reshape 函数来调整数组大小，示例如下。

```
import numpy as np
a = np.array([[1,2,3],[4,5,6]])
b = a.reshape(3,2)
print (b)
```

输出结果为

```
[[1, 2]
 [3, 4]
 [5, 6]]
```

（4）ndarray.itemsize 以字节的形式返回数组中每一个元素的大小。例如，一个元素类型为 float64 的数组的 itemsize 属性值为 8（float64 占用 64bit，每字节长度为 8bit，64/8=8，所以占用 8 字节）。又如，一个元素类型为 complex32 的数组的 itemsize 属性值为 4（32/8）。示例程序如下。

```
import numpy as np
x = np.array([1,2,3,4,5], dtype = np.int8)   # 数组的 dtype 为 int8（1 字节）
```

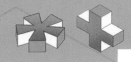

```
print (x.itemsize)
y = np.array([1,2,3,4,5], dtype = np.float64)   #数组的dtype为float64
（8字节）
print (y.itemsize)
```

输出结果为

```
1
8
```

11.9.2 易错点

（1）NumPy 数组中比较重要的 ndarray 对象属性的相关操作。

（2）ndarray.itemsize 属性的有关元素大小的计算。

11.9.3 考题模拟

例 1 单选题

有如下程序段：

```
import numpy as np
x = np.array(range(1,24,2), dtype=np.float64)
y = x.itemsize
m = x[y:len(x)-y:-1]
print(m)
```

执行完后 m 的结果是（   ）。

A. [9. 11. 13. 15.]   B. [19. 17. 15. 13.]

C. [17. 15. 13. 11.]   D. [15. 13. 11. 9.]

答案：C

解析：

```
x = np.array(range(1,24,2), dtype=np.float64)
# 创建一个间隔为2、以1开头的数组，数组类型为浮点型
y = x.itemsize# 每个元素占 64/8=8 字节
m = x[y:len(x)-y:-1]#len(x)=12，用切片的形式将数组的第 8 位开始往前切到第 5 位
print(m)   # 结果为 [17. 15. 13. 11.]
```

 11.10 NumPy 创建数组

11.10.1 知识点详解

ndarray 数组也可以通过以下几种方式来创建。

（1）numpy.empty 方法用来创建一个指定形状（shape）、数据类型（dtype）且未初始化的数组，语法构造举例如下。

```
numpy.empty(shape, dtype = float, order = 'C')
```

参数说明如下。

shape：数组形状。

dtype：数据类型，可选。

order：有 'C' 和 'F' 两个选项，分别代表行优先和列优先，表示在计算机内存中存储元素的顺序。

例如：

```
import numpy as np
# 注意：数组元素为随机值，因为它们未初始化
x = np.empty([3,2], dtype = int)
print(x)
```

输出结果为

```
[[1660747952        32763]
 [1660752496        32763]
 [         0            0]]
```

（2）numpy.zeros 创建指定大小的数组，数组元素以 0 来填充，语法构造举例如下。

```
numpy.zeros(shape, dtype = float, order = 'C')
```

参数说明如下。

shape：数组形状。

dtype：数据类型，可选。

order：'C' 用于 C（行顺序）的行数组，'F' 用于 F（列顺序）的列数组。

例如：

```
import numpy as np
```

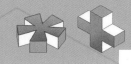

```
x = np.zeros(5) #默认为浮点数
print(x)
y = np.zeros((5,), dtype = np.int) #设置类型为整数
print(y)
z = np.zeros((2,2), dtype = [('x', 'i4'), ('y', 'i4')])  #自定义类型
print(z)
```

输出结果为

```
[0. 0. 0. 0. 0.]
[0 0 0 0 0]
[[(0, 0) (0, 0)]
 [(0, 0) (0, 0)]]
```

（3）numpy.ones 创建指定形状的数组，数组元素以 1 来填充，语法构造举例如下。

```
numpy.ones(shape, dtype = None, order = 'C')
```

参数说明如下。

shape：数组形状。

dtype：数据类型，可选。

order：'C' 用于 C 的行数组，'F' 用于 F 的列数组。

例如：

```
import numpy as np
x = np.ones(4) #默认为浮点数
print(x)
x = np.ones([3,3], dtype = int)# 自定义类型
print(x)
```

输出结果为

```
[1. 1. 1. 1.]
[[1 1 1]
 [1 1 1]
 [1 1 1]]
```

（4）NumPy 从已有的数组创建数组，语法构造举例如下。

```
numpy.asarray(a, dtype = None, order = None)
```

numpy.asarray 类似 numpy.array，但 numpy.asarray 的参数只有 3 个，参数说明如下。

a：任意形式的输入参数，可以是列表、列表的元组、元组、元组的元组、元组的列表、多维数组。

dtype：数据类型，可选。

order：可选，有 'C' 和 'F' 两个选项，分别代表在计算机内存中存储元素的顺序为行优先和列优先。

例 1：

```
# 将列表转换为 ndarray
import numpy as np
x = [1,2,3,4]
a = np.asarray(x)
print(a)
```

输出结果为

```
[1 2 3 4]
```

例 2：

```
# 将元组转换为 ndarray
import numpy as np
x = (1,2,3,4)
a = np.asarray(x)
print(a)
```

输出结果为

```
[1 2 3 4]
```

例 3：

```
# 将元组的列表转换为 ndarray
import numpy as np
x = [(1,2),(3,4)]
a = np.asarray(x)
print(a)
```

输出结果为

```
[[1 2]
 [3 4]]
```

例 4：

```
# 设置了 dtype 参数
import numpy as np
```

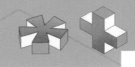

```
x = [1,2,3,4]
a = np.asarray(x, dtype = float)
print(a)
```

输出结果为

```
[1. 2. 3. 4.]
```

（5）numpy.arange 创建数值范围并返回 ndarray 对象，语法构造如下。

```
numpy.arange(start, stop, step, dtype)
```

根据 start 与 stop 指定的范围和 step 设定的步长，生成一个 ndarray，参数说明如下。

start：起始值，默认为 0。

stop：终止值（不包含）。

step：步长，默认为 1。

dtype：返回 ndarray 的数据类型，如果没有提供，则会使用输入数据的类型。

例 1：

```
# 生成 0 到 4 的数组
import numpy as np
x = np.arange(6)
print (x)
```

输出结果为

```
[0 1 2 3 4 5]
```

例 2：

```
# 设置返回类型为 float
import numpy as np
x = np.arange(6, dtype = float)
print (x)
```

输出结果为

```
[0. 1. 2. 3. 4. 5.]
```

例 3：

```
# 设置了起始值、终止值及步长
import numpy as np
x = np.arange(10,20,2)
print (x)
```

输出结果为

```
[10  12  14  16  18]
```

11.10.2 易错点

（1）留意 numpy.asarray 与 numpy.array 的区别。

（2）留意 numpy.zeros 与 numpy.ones 的区别。

11.10.3 考题模拟

例 1 单选题

下列程序的执行结果是（　　）。

```
import numpy as np
a = np.arange(9, dtype = np.float_).reshape(3,3)
b = np.array([100,10,10])
print (np.divide(a,b))
```

A. [[0. 0.1 0.2]   B. [[0. 0.01 0.2]
 [0.03 0.4 0.5]   [0.3 0.04 0.5]
 [0.06 0.7 0.8]]   [0.6 0.07 0.8]]

C. [[0. 0.1 0.02]   D. [[0. 0.01 0.2]
 [0.3 0.4 0.05]   [0.03 0.04 0.5]
 [0.6 0.7 0.08]]   [0.06 0.07 0.8]]

答案：A

解析：numpy.arange 创建数值范围并返回 ndarray 对象，语法构造如下。

```
numpy.arange(start, stop, step, dtype)
```

根据 start 与 stop 指定的范围和 step 设定的步长，生成一个 ndarray。故 A 项正确。

例 2 单选题

执行下列程序，输出结果是（　　）。

```
import numpy as np
    x = [(1,2,3),(4,5,6),(8,9,0)]
    a = np.asarray(x)
    print (a)
```

A. [[1 2 3]　　　B. [(1, 2, 3)

　[4 5 6]　　　　　(4, 5, 6)

　[8 9 0]]　　　　(8, 9, 0)]

C. [(1, 2, 3),　　D. ((1, 2, 3) (4, 5, 6) (8, 9, 0))

(4, 5, 6),

(8, 9, 0)]

答案：A

解析：考查 NumPy 模块的从已有数组创建新数组的方法。

例 3　判断题

运行下列程序，输出结果是 [1. 1. 1. 1. 1.]。（　　）

```
import numpy as np
     x = np.ones(5)
     print(x)
```

答案：错误

解析：考查特殊数组的生成方法。

 ## 11.11　NumPy 切片和索引

11.11.1　知识点详解

（1）ndarray 对象的内容可以通过索引或切片来访问和修改。

ndarray 数组可以基于 0~n 的下标进行索引，切片可以通过内置的 slice() 函数，并设置 start、stop 及 step 参数进行，从原数组中切割出一个新数组。

例如：

```
import numpy as np
a = np.arange(10)
s = slice(2,7,2)    # 从索引 2 开始，到索引 7 停止，间隔为 2
print (a[s])
```

输出结果为

```
[2  4  6]
```

（2）可以通过冒号分隔切片参数 start:stop:step 来进行切片操作。

例 1：

```
import numpy as np
a = np.arange(10)
b = a[2:7:2]    # 从索引 2 开始，到索引 7 停止，间隔为 2
print(b)
```

输出结果为

```
[2  4  6]
```

例 2：

```
import numpy as np
a = np.arange(10)  # [0 1 2 3 4 5 6 7 8 9]
b = a[5]
print(b)
```

输出结果为

```
5
```

例 3：

```
import numpy as np
a = np.arange(10)
print(a[2:])
```

输出结果为

```
[2  3  4  5  6  7  8  9]
```

例 4：

```
import numpy as np
a = np.arange(10)  # [0 1 2 3 4 5 6 7 8 9]
print(a[2:5])
```

输出结果为

```
[2  3  4]
```

（3）多维数组同样适用上述索引提取方法。

例如：

```
import numpy as np
a = np.array([[1,2,3],[3,4,5],[4,5,6]])
print(a)
# 从某个索引处开始切割
```

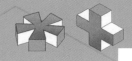

```
print('从数组索引 a[1:] 处开始切割')
print(a[1:])
```

输出结果为

```
[ [3 4 5]
 [4 5 6]]
```

（4）切片还可以用英文省略号"..."来使选择元组的长度与数组的维度相同。如果在行位置使用省略号，它将返回包含行中元素的 ndarray。

例如：

```
import numpy as np
a = np.array([[1,2,3],[3,4,5],[4,5,6]])
print (a[...,1])    # 第2列元素
print (a[1,...])    # 第2行元素
print (a[...,1:])   # 第2列及之后的所有元素
```

输出结果为

```
[2 4 5]
[3 4 5]
[[2 3]
 [4 5]
 [5 6]]
```

11.11.2 易错点

（1）多维数组的切片。

（2）如果切片包括省略号"..."，则要留意在行位置使用省略号与在列位置使用省略号的区别。

11.11.3 考题模拟

例1 单选题

对于用 numpy.arange(1,6) 函数创建的 N 维数组 a，a*2 的结果是（   ）。

A. array([2,12])   B. array([2,4,6,8,10])

C. array([2,4,6,8,10,12])   D. array([2,10])

答案：B

解析：numpy.arange(1,6) 创建了一个从1到5的元素的数组，a*2 表示把数组中的每个元素乘以2。选项 B 正确。

例 2 判断题

以下程序可以提取 5 到 10 之间的所有元素。（　　）

```
import numpy as np
a = np. arange(15)
print(a[(a<=10) & (a>=5)])
```

答案：正确

解析：(a<=10) & (a>=5) 表示两个条件都要满足，即 $5 \leqslant a \leqslant 10$。

例 3 判断题

numpy.linspace(1,10,10) 用于产生从 1 到 9 的一维数组。（　　）

答案：错误

解析：numpy.linspace(1,10,10) 产生的结果是 [1. 2. 3. 4. 5. 6. 7. 8. 9. 10.]，包含 10。

 ## 11.12 NumPy 算术函数

11.12.1 知识点详解

NumPy 算术函数包含简单的加减乘除：add()、subtract()、multiply() 和 divide()。

数组必须具有相同的形状或符合数组广播规则。

例如：

```
import numpy as np
a = np.arange(9, dtype = np.float_).reshape(3,3)
print ('第一个数组: ')
print (a)
print ('\n')
print ('第二个数组: ')
b = np.array([10,10,10])
print (b)
print ('\n')
print ('两个数组相加: ')
print (np.add(a,b))
```

```
print ('\n')
print (' 两个数组相减: ')
print (np.subtract(a,b))
print ('\n')
print (' 两个数组相乘: ')
print (np.multiply(a,b))
print ('\n')
print (' 两个数组相除: ')
print (np.divide(a,b))
```

输出结果为

第一个数组:
```
[[0. 1. 2.]
 [3. 4. 5.]
 [6. 7. 8.]]
```
第二个数组:
```
[10 10 10]
```
两个数组相加:
```
[[10. 11. 12.]
 [13. 14. 15.]
 [16. 17. 18.]]
```
两个数组相减:
```
[[-10.  -9.  -8.]
 [ -7.  -6.  -5.]
 [ -4.  -3.  -2.]]
```
两个数组相乘:
```
[[ 0. 10. 20.]
 [30. 40. 50.]
 [60. 70. 80.]]
```
两个数组相除:
```
[[0.  0.1 0.2]
 [0.3 0.4 0.5]
 [0.6 0.7 0.8]]
```

11.12.2 易错点

本章节内容涉及较多的实际上机操作，要多上机验证操作，同时进行比对性的识记。

11.12.3 考题模拟

例 1 单选题

有如下程序段：

```
import numpy as np
p = np.array([[1,2],[3,4],[5,6]])
p = p.reshape(2, 3)
q = np.array([1,3,5])
m = np.add(p, q)
s = m.sum(axis=1)
print(s)
```

输出的结果 s 为（　　）。

A. [7 13 19]　　　　　B. [15 24]　　　　　C. [6 15]　　　　　D. [5 7 9]

答案：B

解析：上述程序首先产生一个 3 行 2 列的数组，然后将它转置为 2 行 3 列，数据为 [[1,2,3],[4,5,6]]，通过 add() 与一维数组 [1,3,5] 相加，得到 [[2,5,8],[5,8,11]]，再将该数组进行行的求和，得到结果为 [15,24]，故选 B。

例 2 单选题

程序填空：以下程序的运行结果为 2，请填空补充程序。（　　）

```
import numpy as np
a = np.arange(0,12).reshape(3,4)
print(        )
```

A. a.shape()　　　　　B. a.shape　　　　　C. a.ndim()　　　　　D. a.ndim

答案：D

解析：把 0~11 的 12 个数分为 3 行 4 列的二维数组。

例 3 单选题

下面程序的输出结果是（　　）。

```
import numpy as np
arr = np.array([[1, 2],[3, 4]])
print(arr.sum())
```

A. 3　　　　B. 4　　　　C. 6　　　　D. 10

答案：D

　　解析：根据给定的程序，arr 是一个 2×2 的二维数组。通过 arr.sum()，我们计算了数组中所有元素的总和。

　　数组中的元素为：1，2，3，4。它们的总和为 10。因此，arr.sum() 的输出结果为 10。

第 12 章　数据可视化操作

12.1　学习要点

（1）Matplotlib 模块的概念；

（2）Matplotlib 模块的应用案例。

12.2　对标内容

掌握数据可视化的概念与特点，能够用 Python 的 Matplotlib 模块简单处理数据可视化问题。

12.3　情景导入

Matplotlib 是一个非常强大的 Python 绘图模块，可以用于生成各种高质量的图形和图表，其应用场景非常广泛。

（1）科学数据可视化：Matplotlib 是 Python 科学计算中不可或缺的一部分，被广泛应用于数据可视化，如绘制折线图、柱形图、散点图等。

（2）金融数据分析：在金融领域，Matplotlib 可以用于绘制股票价格图、蜡烛图等，帮助分析师更好地理解和分析金融数据。

（3）统计图表制作：对于统计分析，Matplotlib 可以方便地生成各种统计图表，如直方图、箱形图、饼图等。

（4）地理信息系统（GIS）可视化：在地理信息系统中，Matplotlib 可以用

于地图绘制和地理数据可视化。

（5）图像处理：Matplotlib 可以用于简单的图像处理任务，如裁剪、缩放等。

（6）文本分析：对于文本分析，Matplotlib 可以用于生成词云等可视化结果。

（7）化学数据分析：在化学领域，Matplotlib 可以用于绘制分子结构图和化学反应方程式等。

（8）物理学数据分析：在物理学领域，Matplotlib 可以绘制各种物理现象的图表，如波动图、粒子轨迹图等。

（9）科学实验结果展示：在科学实验中，Matplotlib 可以将实验结果以图形化的方式展示出来。

总的来说，Matplotlib 的应用场景非常广泛，几乎涵盖了所有需要数据可视化的领域。

12.4 Matplotlib 模块的概念

Matplotlib 是 Python 的绘图模块。它可与 NumPy 一起使用，也可以和图形工具包一起使用，如 PyQt 和 wxPython。

使用 pip 工具安装 Matplotlib 的命令如下。

```
pip3 install matplotlib -i 清华源网站
```

12.4.1　知识点详解

1. 常用的Matplotlib函数

（1）基本绘图函数见表 12-1。

表 12-1　基本绘图函数

函数	作用
plot()	绘制折线图
scatter()	绘制散点图
bar()	绘制垂直柱形图
barh()	绘制水平柱形图
hist()	绘制直方图
pie()	绘制饼图

（2）设置图形属性函数见表 12-2。

表 12-2　设置图形属性函数

函数	作用
xlabel()	设置 x 轴标签
ylabel()	设置 y 轴标签
title()	设置图形标题
legend()	设置图例
xlim()	设置 x 轴范围
ylim()	设置 y 轴范围

（3）子图函数见表 12-3。

表 12-3　子图函数

函数	作用
subplot()	创建子图
subplots()	创建多个子图

（4）其他函数见表 12-4。

表 12-4　其他函数

函数	作用
savefig()	保存图形到文件
show()	显示图形
close()	关闭图形
figure()	创建图形对象
grid()	显示网格

2.实例

例 1：

```python
import matplotlib.pyplot as plt
import numpy as np
# 生成数据
x = np.arange(0, 10, 0.1)
y = np.sin(x)
# 绘制折线图
plt.plot(x, y)
# 添加标题和标签
plt.title('Sine Wave')
plt.xlabel('x')
plt.ylabel('y')
# 显示图形
plt.show()
```

在这个实例中，首先导入 Matplotlib 模块并使用 NumPy 生成一些数据。然后使用 plt.plot() 函数绘制这些数据的折线图，并使用 plt.title()、plt.xlabel() 和 plt.ylabel() 函数设置图形的标题和标签。最后使用 plt.show() 函数显示图形。

要显示圆来代表点，而不是例 1 中的线，可以使用 ob 作为 plot() 函数中的格式字符串，如例 2 所示。

例 2：

```
import matplotlib.pyplot as plt
import numpy as np
x = np.arange(0, 10, 0.1)
y = np.sin(x)
plt.plot(x, y,"ob")
plt.title('Sine Wave')
plt.xlabel('x')
plt.ylabel('y')
plt.show()
```

subplot() 函数可在同一张图中绘制多种图形信息，例如同时绘制正弦和余弦函数图像，程序如下。

例 3：

```
import numpy as np
import matplotlib.pyplot as plt
x = np.arange(0, 3 * np.pi, 0.1) #计算正弦和余弦曲线上点的坐标
y_sin = np.sin(x)
y_cos = np.cos(x)
plt.subplot(2, 1, 1) #建立 subplot 网格，高为 2，宽为 1，激活第一个 subplot
plt.plot(x, y_sin) # 绘制第一个图像
plt.title('Sine')
plt.subplot(2, 1, 2) # 激活第二个 subplot
plt.plot(x, y_cos) #绘制第二个图像
plt.title('Cosine')
plt.show()
```

绘制函数 $y=9-x^2$ 在区间 $[-3,3]$ 上的图像的程序如下。

例 4：

```
import numpy as np
import matplotlib.pyplot as plt
x = np.linspace(-3, 3, 100)
y = 9 - x**2
```

```
plt.xlim(-3, 3)              # 设置 x 轴坐标范围
plt.xticks(list(range(-3, 4)))  # 设置 x 轴刻度
plt.ylim(0.0, 9.0)           # 设置 y 轴坐标范围
plt.plot(x, y)
ax = plt.gca()               # 获取当前轴
ax.set_aspect('equal')       # 设置纵横比相等
ax.grid(True)
plt.show()
```

12.4.2 易错点

（1）Matplotlib 模块的函数比较多，需要加强识记。

（2）代码 plt.rcParams["font.sans-serif"] = "SimHei" 可以显示中文标题等。

12.4.3 考题模拟

例 1 单选题

绘制下图所示的 sin x 的图形，程序中画线处的语句是（　　）。

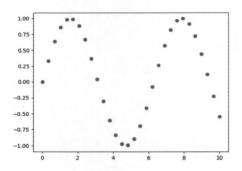

```
import matplotlib.pyplot  as plt
import numpy  as  np
x = np.linspace(0, 10, 30)
_____
plt.show()
```

A. plt.plot(x, np.sin(x))　　　　B. plt.scatter(x, np.sin(x))

C. plt.bar(x, y)　　　　　　　　D. plt.scatter(x, y)

答案：B

解析：绘制散点图的函数是 scatter()，第一个参数是 x，第二个参数是 np.sin(x)。

例 2 单选题

关于函数的功能，下列描述中正确的是（　　）。

A. bar() 函数用于绘制水平柱形图

B. plot() 函数用于绘制饼图

C. barh() 函数用于绘制垂直柱形图

D. scatter() 函数用于绘制散点图

答案：D

解析：bar() 函数用于绘制垂直柱形图，plot() 函数用于绘制折线图，barh() 函数用于绘制水平柱形图，A、B、C 选项均错；scatter() 函数用于绘制散点图，因此答案为 D。

例 3 单选题

有如下程序：

```
import matplotlib.pyplot as plt
import numpy as np
x = np.linspace(10, 20, 100)
y = x ** 10
print(type(x), type(y))
plt.plot(x, y)
plt.show()
```

执行程序后，运行效果为下列选项中的（　　）。

A.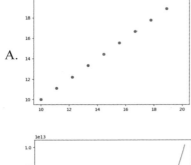

B.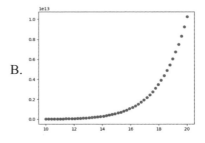

C.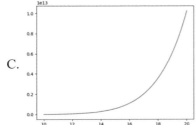

D.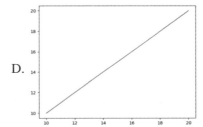

答案：C

解析：plot() 函数用于绘制折线图，排除选项 A 和选项 B；选项 D 绘制的是 $y=x$ 的图形。

例 4 单选题

文文收集了某题的选择数据，并根据数据制作了各选项的选答比例，如下图所示，对应的程序如下。

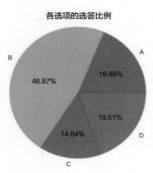

```
_____
plt.rcParams["font.sans-serif"] = "SimHei"
opt = [205, 509, 159, 213]

_____
plt.title(" 各选项的选答比例 ")
_____
```

其中，选填的语句有：

① import matplotlib.pyplot as plt

② plt.pie(opt, labels=['A', 'B', 'C', 'D'], autopct='%1.2f%%')

③ plt.show()

画线处正确的语句顺序是（   ）。

A. ①②③   B. ②③①   C. ③①②   D. ②①③

答案：A

解析：先导入 Matplotlib 模块，再设置饼图，最后显示图形。

例 5 单选题

下列关于 plt.figure(figsize=(8,4),edgecolor="blue",frameon=True) 的说法中，不正确的是（   ）。

A. 创建一个新的图表对象

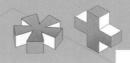

B. figsize=(8,4) 指定 figure 对象的宽度和高度

C. edgecolor="blue" 设置图表对象的背景色

D. frameon=True 设置图像显示边框

答案：C

解析：facecolor 设置背景颜色；edgecolor 设置边框颜色；frameon 设置是否显示边框，值为 True 时显示边框，值为 False 时不显示边框。

例 6　判断题

Matplotlib 是 Python 的绘图模块，它不能与 NumPy 一起使用，只能与图形工具包一起使用。（　　）

答案：错误

解析：Matplotlib 绘图模块可以与 NumPy 一起使用。

12.5 Matplotlib 模块的应用案例

例 1　单选题

小李编写如下程序绘制某道选择题的各选项选择比例图，正确的图形是（　　）。

```python
import matplotlib.pyplot as plt
plt.rcParams["font.sans-serif"] = "SimHei"
opt = [205, 509, 159, 213]
plt.pie(opt, labels=['A', 'B', 'C', 'D'], autopct='%1.2f%%')
plt.title(" 各选项的选答比例 ")
plt.show()
```

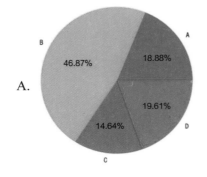

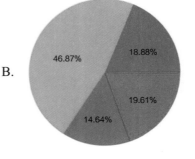

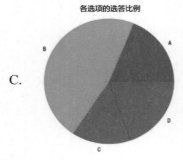

C.

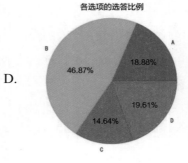

D.

答案：D

解析：labels=['A', 'B', 'C', 'D'] 用于显示选项标签，autopct='%1.2f%%' 用于显示数值格式，plt.title(" 各选项的选答比例 ") 用于显示标题。

例 2 单选题

高一（1）班期末 4 个学科成绩平均分与年级平均分对照图如下。用 Python 程序绘制该图表时，①和②处的两行代码是（　　）。

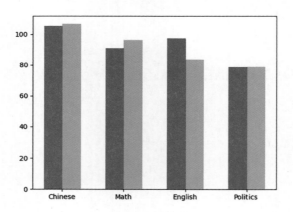

```
import numpy as np
import matplotlib.pyplot as plt
import pandas as pd
df=pd.read_csv(" 高一 (1) 班成绩 .csv",encoding="gbk")
x=np.array([1,2,3,4])
y=df[" 年级平均 "]
y2=df[" 班级平均 "]
          ①
          ②
plt.xticks(x+0.15,["Chinese","Math","English","Politics"])
plt.show()
```

A. ① plt.plot(x, y, linewidth="3")

　　② plt.plot(x, y2, linewidth=" 3")

B. ① plt.bar(x, y, width=0.3)

　　② plt.bar(x+0.3, y2, width=0.3)

C. ① plt.plot(x, y)

　　② plt.plot(x, y2)

D. ① plt.scatter(x, y)

　　② plt.scatter(x, y2)

答案：B

解析：本题绘制的是垂直柱形图，使用 bar() 函数，故选择 B。

例 3　单选题

下面程序的输出结果，最合理的选项是（　　）。

```
import matplotlib.pyplot as plt
import numpy as np
x = np.linspace(0, 10, 100)
y = np.sin(x)
plt.plot(x, y)
plt.xlabel('x 轴 ')
plt.ylabel('y 轴 ')
plt.title(' 简单折线图 ')
plt.show()
```

A. 显示一个简单的折线图

B. 显示一个已经标注了标题、x 轴和 y 轴标签的简单折线图

C. 显示一个已经标注了 x 轴和 y 轴标签的简单折线图

D. 不显示任何内容

答案：B

解析：根据给定的程序，我们使用 Matplotlib 创建了一个简单的折线图，并对坐标轴和标题进行了标注。

plt.xlabel('x 轴 ') 设置了 x 轴的标签为 "x 轴"；plt.ylabel('y 轴 ') 设置了 y 轴的标签为 "y 轴"；plt.title(' 简单折线图 ') 设置了图表的标题为 "简单折线图"；最后，通过 plt.show() 显示了折线图和相关标注。

因此选择 B，显示一个已经标注了标题、x 轴和 y 轴标签的简单折线图。

例 4 单选题

下面程序的输出结果是（　　　）。

```python
import matplotlib.pyplot as plt
import numpy as np
x = np.linspace(0, 10, 100)
y1 = np.sin(x)
y2 = np.cos(x)
plt.subplot(2, 1, 1)
plt.plot(x, y1)
plt.xlabel('x 轴 ')
plt.ylabel('y1 轴 ')
plt.subplot(2, 1, 2)
plt.scatter(x, y2, color='r')
plt.xlabel('x 轴 ')
plt.ylabel('y2 轴 ')
plt.tight_layout()
plt.show()
```

A. 显示一个子图，包含一个包含折线图的区域和一个包含散点图的区域

B. 显示一个子图，包含一个包含折线图和散点图的混合图形

C. 显示两个子图，分别包含折线图和散点图

D. 不显示任何内容

答案：C

解析：根据给定的程序，我们使用 Matplotlib 创建了一个包含两个子图的图表。每个子图都有不同的数据图形，并且通过 plt.subplot() 函数指定了它们的位置。

plt.subplot(2，1，1) 创建了一个子图区域，在整个图表中占据了 2 行 1 列的第 1 个位置。在这个子图区域中，我们使用 plt.plot() 绘制了折线图，并对 x 轴和 y 轴进行了标注。

plt.subplot(2，1，2) 创建了另一个子图区域，占据了 2 行 1 列的第 2 个位置。在这个子图区域中，我们使用 plt.scatter() 绘制了散点图，并对 x 轴和 y 轴进行了标注。

最后，通过 plt.tight_layout() 调整子图的间距，并通过 plt.show() 显示整个图形。

因此选择 C。

第 13 章　类与对象的概念及相关操作

13.1　学习要点

（1）面向对象编程的概念；

（2）创建和使用类；

（3）使用类和实例；

（4）类的简单案例；

（5）创建子类。

13.2　对标内容

理解类与对象的概念，初步掌握类与对象的使用。

13.3　情景导入

为有效管理学生信息，我们可以创建一个学生类，包括学生的姓名、年龄、学号等信息，并实现添加、删除、查找和修改学生信息的方法。

再如，我们可以创建一个购物车类，包括商品的名称、数量、价格等信息，并实现添加商品、删除商品、计算总价和清空购物车的方法。

 13.4 面向对象编程的概念

面向对象编程是指编写表示现实世界中的事物和情景的类，并基于类创建对象。

编写类时，定义一类对象都有的通用行为。基于类创建对象时，每个对象都自动具备这种通用行为，然后我们可根据需要赋予每个对象独特的个性。

根据类来创建对象被称为实例化，可以使用类的实例。

13.4.1 知识点详解

1. 创建和使用类

下面创建一个表示小猫的简单类 Cat，它表示的不是具体的某一只小猫，而是小猫这种动物。小猫均有名字和年龄；大多数小猫还会下蹲和翻滚。由于大多数小猫具备上述两项信息（名字和年龄）和两种行为（下蹲和翻滚），Cat 类将包含这两项信息和两种行为。创建 Cat 类后，使用它来创建表示某一只特定小猫的实例。

2. 创建Cat类

根据 Cat 类创建的每个实例都将存储名字和年龄，赋予每只小猫下蹲（sit()）和翻滚（roll()）的行为。

```
class Cat(): #1
    def _ _init_ _(self, name, age): #2
        self.name = name
        self.age = age #3
    def sit(self):
        print(self.name.title() + " is sitting.")
    def roll(self):#4
        print(self.name.title() + " rolled.")
```

在 #1 处，定义了一个名为 Cat 的类，类名的首字母必须大写，后面跟小括号。类中的函数被称为方法。

#2 处的方法 _ _init_ _() 是一个特殊的方法。开头和末尾各有两条下划线，这种约定避免了 Python 默认方法与普通方法发生名称冲突。用 _ _init_ _() 方法

包含 3 个参数：self、name 和 age，self 必不可少，还必须位于其他两个形参的前面。Python 调用这个 _ _init_ _() 方法来创建 Cat 实例时，将自动传入实参 self。每个与类相关联的方法调用都自动传递实参 self，因此不需要编程传递它。每当根据 Cat 类创建实例时，都只需给后两个形参（name 和 age）提供值。

在 #3 处定义的两个变量都有前缀 self。以 self 为前缀的变量可供类中所有方法使用，还可以通过类的任何实例来访问这些变量。self.name=name 获取存储在形参 name 中的值，并将其存储到变量 name 中，然后该变量被关联到当前创建的实例。self.age=age 的作用与此类似。像这样可通过实例访问的变量被称为属性。

Cat 类还定义了另外两个方法：sit() 和 roll()（在 #4 处）。

3. 根据类创建实例

创建一个表示某一只特定小猫的实例。

```
class Cat(): #1
    （代码略）
my_cat = Cat('xiaohua', 8) #5
print("My cat's name is " + my_cat.name.title() + ".")  #6
print("My cat is " + str(my_cat.age) + " years old.")  #7
```

在 #5 处，创建一只名字为 xiaohua、年龄为 8 岁的小猫。在这行代码中，Python 使用实参 'xiaohua' 和 8 调用 Cat 类中的方法 _ _init_ _()。_ _init_ _() 方法创建一个表示特定小猫的实例，并使用代码提供的值来设置属性 name 和 age。_ _init_ _() 方法并未直接包含 return 语句，但 Python 自动返回一个表示这只小猫的实例，并将这个实例存储在变量 my_cat 中。这里的命名约定很有用：通常约定首字母大写的名称（如 Cat）指的是类，小写的名称（如 my_cat）指的是根据类创建的实例。

4. 访问属性

在 #6 处，访问 my_cat 的 name 属性的值：my_cat.name。

要访问实例的属性，可使用句点表示法，这种语法表示 Python 如何获取属性的值。在这里，Python 先找到实例 my_cat，再查找与这个实例相关联的属性 name。在 Cat 类中引用这个属性时，使用的是 self.name。

在 #7 处，使用同样的方法来获取 age 属性的值。

在 #6 处的 print 语句中，my_cat.name.title() 将 my_cat 的 name 属性的值 'xiaohua' 改为首字母大写的形式；在 #7 处的 print 语句中，str(my_cat.age) 将 my_cat 的 age 属性的值 8 转换为字符串。运行结果如下。

```
My cat's name is Xiaohua.
My cat is 8 years old.
```

5. 调用方法

根据 Cat 类创建实例后，就可以使用句点表示法来调用 Cat 类中定义的任何方法。例如，让小猫下蹲和翻滚的程序如下。

```
class Cat(): #1
    （代码略）
my_cat= Cat('xiaohua', 8) #5
my_cat.sit()
my_cat.roll()
```

要调用方法，可指定实例的名称（这里是 my_cat）和要调用的方法，并用句点分隔。遇到代码 my_cat.sit() 时，Python 在 Cat 类中查找方法 sit() 并运行其代码。Python 以同样的方式解读代码 my_cat.roll()。运行结果如下。

```
Xiaohua is sitting.
Xiaohua rolled.
```

6. 创建多个实例

创建多个表示特定小猫的实例。

```
class Cat(): #1
    （代码略）
my_cat = Cat('xiaohua', 8) #5
your_cat = Cat('xiaomei', 4)
print("My cat's name is " + my_cat.name.title() + ".")  #6
print("My cat is " + str(my_cat.age) + " years old.")  #7
my_cat.sit()
print("\nYour cat's name is " + your_cat.name.title() + ".")
print("Your cat is " + str(your_cat.age) + " years old.")
your_cat.sit()
```

在这个实例中，创建了两只小猫，它们分别名为 xiaohua 和 xiaomei。每只小猫都是一个独立的实例，有自己的一组属性，能够执行相同的操作。运行结果如下。

```
My cat's name is Xiaohua.
My cat is 8 years old.
Xiaohua is sitting.
Your cat's name is Xiaomei.
Your cat is 4 years old.
Xiaomei is sitting.
```

13.4.2 易错点

（1）定义类名，首字母必须大写。

（2）定义实例，必须准确传递参数。

13.4.3 考题模拟

例1 单选题

请阅读下列程序，①、②、③、④处的输出结果依次是（　　）。

```
class Fruit():
    price=0
    def _ _init_ _(self):
        self.color='red'
        country="China"
if _ _name_ _=="_ _main_ _":
    print(Fruit.price) # ①
    apple=Fruit()
    print(apple.color) # ②
    Fruit.price=Fruit.price+15
    print( "apple's price:"+str(apple.price)) # ③
    banana=Fruit()
    print ("banana's price:"+str(banana.price)) # ④
```

A. 0 red apple's price:15 banana's price:0

B. 0 red apple's price:15 banana's price:15

C. 15 red apple's price:15 banana's price:0

D. 15 red apple's price:15 banana's price:15

答案：B

解析：本题考查考生对类的实例化、类的属性和方法的正确理解。

例 2 单选题

关于类的属性，下列表述中错误的是（　　）。

A. 类由属性（attribute）和方法（method）组成。类的属性指的是对数据的封装，类的方法则表示对象具有的行为

B. 根据类属性的名称可以判断类属性的类型，如果函数、方法或属性的名称以两条下划线开始和结束，则表示公有属性；如果函数、方法或属性的名称不是以两条下划线开始和结束，则表示私有属性

C. 根据作用范围，类的属性分为私有属性（private attribute）和公有属性（public attribute）。类之外的函数不能够调用的属性被称为类的私有属性；相反，类之外的函数能够调用的属性被称为类的公有属性

D. 类的属性又分为实例属性和静态属性：实例属性指的是以 self 作为前缀的属性，静态属性指的是静态变量

答案：B

解析：根据类属性的名称可以判断类属性的类型，如果函数、方法或属性的名称以两条下划线开始，则表示私有属性；如果函数、方法或属性的名称不是以两条下划线开始，则表示公有属性。

例 3 单选题

下面有关类与对象的概念描述中错误的是（　　）。

A. 定义类，类名的首字母必须大写，后面跟小括号

B. 类中的函数称为方法，方法 _ _init_ _() 是一个特殊的方法，开头和末尾各有两条下划线，这种约定避免了 Python 默认方法与普通方法发生名称冲突

C. 定义方法 _ _init_ _() 时，self 必不可少，还必须位于其他形参的后面

D. 定义的变量都有前缀 self，以 self 为前缀的变量可供类中所有方法使用

答案：C

解析：定义方法 _ _init_ _() 时，self 必不可少，还必须位于其他形参的前面。

例 4 判断题

在类定义的外部，没有任何办法来访问对象的私有成员。（　　）

答案：错误

解析：本题考查类外访问对象的私有成员。可以在类内写一个 public 接口，通过访问该接口操作私有变量。

例 5　单选题

有如下程序段：

```
class Person():
    def _ _init_ _(self, name, age):
        self.name = name
        self.age = age
xm = Person(" 小红 ", "10")
```

下列能实现属性引用的语句是（　　）。

A. xm.name　　　　　B. Person.name

C. 小红 .name　　　　D. name.xm

答案：A

解析：考查对象名的属性名。

例 6　单选题

有如下程序段：

```
class Person:
    count = 0
    def _ _init_ _(self):
        Person.count += 1
p1 = Person()
p2 = Person()
print(Person.count)
```

执行程序后，输出的结果是（　　）。

A. 1　　　　B. 2　　　　C. 3　　　　D. 4

答案：B

解析：有两个实例，因此结果为 2。

 ## 13.5 使用类和实例

13.5.1 知识点详解

编写好类后，根据类创建实例。可以直接修改实例的属性，也可以编写方法以特定的方式进行修改。

下面创建一个表示马的类，它存储了有关马的信息，还有一个汇总这些信息的方法。

```python
class Horse():
    def _ _init_ _(self, category, gender, age):#1
        self.category = category
        self.gender = gender
        self.age = age
        self.speed = 0
    def get_descriptive(self):#2
        self.info = "一匹" + self.category + str(self.age) + "岁的" +
self.gender + "马"
    def write_speed(self, new_speed):#3
        self.speed= new_speed
        addr = "在草原上奔跑的速度为"
        print(self.info + "，" + addr + str(self.speed) + "km/h。")
horse = Horse("阿拉伯 "," 公 ",12)#4
horse.get_descriptive()
horse.write_speed(50)
```

在 #1 处，定义方法 _ _init_ _()，与前面的 Cat 类一样，第一个形参为 self；包含另外 3 个形参：category、gender 和 age。_ _init_ _() 方法接受这些形参的值，并将它们存储在根据这个类创建的实例的属性中。创建新的 Horse 实例时，需要指定其品种、性别和年龄。

在 #2 处，定义一个名为 get_descriptive(self) 的方法，它使用属性 category、gender 和 age 创建一个对马进行描述的字符串。为了在这个方法中访问属性的值，使用 self.category、self.gender 和 self.age。

在 #3 处，定义一个名为 write_speed(self,new_speed) 的方法，它使用属性 new_speed 创建一个对马的奔跑速度等进行描述的字符串。为了在这个方法中访问属性的值，使用 self.speed。

在 #4 处，根据 Horse 类创建一个实例，并将其存储到变量 horse 中。接下来，调用方法 get_descriptive() 与 write_speed(50)，指出这是一匹什么状态的马。

程序运行结果如下。

一匹阿拉伯 12 岁的公马，在草原上奔跑的速度为 50km/h。

13.5.2 易错点

（1）综合练习类的创建。

（2）综合练习根据类创建实例。

13.5.3 考题模拟

例1 编程题

编写一个 Circle 类，包含 radius 和 color 两个属性，以及 get_area()、get_circumference()、get_diameter() 和 print_info() 4 个方法，用于计算圆面积、圆周长、圆直径，并打印出圆的半径和颜色。

程序如下，请补全程序。

```
class Circle():
    def __init__(self, radius, color):
        _____①_____
        self.color = color
    def get_area(self):                #圆面积
        return _____②_____
    def get_circumference(self):       #圆周长
        return _____③_____
    def get_diameter(self):
        return 2 * self.radius
    def print_info(self):
        print("Radius:", self.radius)
        print("Color:", self.color)
circle = Circle(5, "red")
_____④_____                                #输出圆的半径和颜色
print("Area:", circle.get_area())
print("Circumference:", circle.get_circumference())
print("Diameter:", circle.get_diameter())
```

答案（参考程序）：

```
class Circle:
    def __init__(self, radius, color):
        self.radius = radius
        self.color = color
    def get_area(self):                #圆面积
        return 3.14 * self.radius ** 2
```

```
        def get_circumference(self):      # 圆周长
            return 2 * 3.14 * self.radius
        def get_diameter(self):
            return 2 * self.radius
        def print_info(self):
            print("Radius:", self.radius)
            print("Color:", self.color)
circle = Circle(5, "red")
circle.print_info()                          #输出圆的半径和颜色
print("Area:", circle.get_area())
print("Circumference:", circle.get_circumference())
print("Diameter:", circle.get_diameter())
```

试题解析及评分标准：

① self.radius = radius 或等效答案（2分），定义变量 self.radius；

② 3.14 * self.radius ** 2 或等效答案（3分），返回圆面积计算方法；

③ 2 * 3.14 * self.radius 或等效答案（2分），返回圆周长计算方法；

④ circle.print_info() 或等效答案（3分），输出圆的半径和颜色。

13.6 类的简单案例

编程实现一个求长方体体积的类。

```
class Box():
    def _ _init_ _(self,length1,width1,height1):
        self.length=length1
        self.width=width1
        self.height=height1
    def volume(self):
        return self.length*self.width*self.height   #以上是定义类
my_box=Box(10,10,10)
print(" 长方体体积是 %d"%my_box.volume())
```

 13.7 创建子类

13.7.1 知识点详解

继承

编写类时，并非总是要从零开始。如果要编写的类是另一个现成类的特殊版本，可使用继承。一个类继承另一个类时，它将自动获得另一个类的所有属性和方法；原有的类被称为父类，而新类被称为子类。子类继承其父类的所有属性和方法，同时还可以定义自己的属性和方法。

马和骆驼都是哺乳动物，它们都有 4 条腿，体型也差不太多，我们在这里为它们编写属于它们各自的类，输出相关语句。假设把骆驼看作马的特例，那么，根据前面的马的类（Horse），可以定义骆驼为子类（Camel）。

创建子类的实例时，首先给父类的所有属性赋值。

例如，因为假设骆驼是一种特殊的马，所以可以在前面创建的 Horse 类的基础上创建新类 Camel，这样就只需为骆驼特有的属性和行为编写代码。

下面来创建一个简单的 Camel 类，它具备 Horse 类的所有功能。

```python
class Horse():#1
    def __init__(self, category, gender, age):
        self.category = category
        self.gender = gender
        self.age = age
        self.speed = 0
    def get_descriptive(self):
        self.info = "一匹" + self.category + str(self.age) + "岁的" +
self.gender + "马"
    def write_speed(self, new_speed):
        self.speed= new_speed
        addr = "在草原上奔跑的速度为"
        print(self.info + ", " + addr + str(self.speed) + "km/h。")
class Camel(Horse):#2
    def __init__(self, category, gender, age):#3
        super().__init__(category, gender, age)#4
```

```
    def write_speed(self,new_speed):
        self.speed= new_speed
        addr = "在沙漠上奔跑的速度为"
        print(self.info.replace("马","骆驼") + ", " + addr +str(self.
speed)+ "km/h。")
horse = Horse("阿拉伯","公",12)
horse.get_descriptive()
horse.write_speed(50)
camel = Camel("双峰驼","母",20)#5
camel.get_descriptive()
camel.write_speed(40)
```

首先是 Horse 类的代码（#1 处）。创建子类时，父类必须包含在当前文件中，且位于子类前面。

在 #2 处，定义子类 Camel，必须在括号内指定父类的名称。_ _init_ _() 方法接收创建 Horse 实例所需的信息（#3 处）。

在 #4 处的 super() 是一个特殊函数，帮助 Python 将父类和子类关联起来。这行代码让 Python 调用 Camel 的父类方法 _ _init_ _()，让 Camel 实例包含父类的所有属性。父类也被称为超类（superclass），函数因此而得名 super。

在 #5 处，创建 Camel 类的一个实例，并将其存储在变量 camel 中，同时提供了实参 "双峰驼"，"母"，20。

程序运行结果如下。

一匹阿拉伯 12 岁的公马，在草原上奔跑的速度为 50km/h。
一匹双峰驼 20 岁的母骆驼，在沙漠上奔跑的速度为 40km/h。

13.7.2 易错点

（1）综合练习子类的创建。
（2）综合练习利用子类创建实例。

13.7.3 考题模拟

例 1 单选题

运行以下 Python 程序，结果是（　　）。

```
class Parent():
    def _ _init_ _(self, name):
```

```
        self.name = name
    def greetings(self):
        print("Parent: Hi, I'm", self.name)
class Child(Parent):
    def greetings(self):
        super().greetings()
        print("Child: Hello!")
parent = Parent("Alice")
child = Child("Bob")
child.greetings()
```

A. Parent: Hi, I'm Alice   B. Parent: Hi, I'm Bob

 Child: Hello!   Child: Hello!

C. Parent: Hi, I'm Bob   D. Child: Hello!

答案：B

解析：程序中定义了一个 Parent 类和一个 Child 类，Child 类继承自 Parent 类。Child 类中的 greetings 方法使用 super() 函数调用了父类 Parent 的方法，并在其基础上添加了额外的逻辑 print("Child: Hello!")。

例2 单选题

关于面向对象编程，下列表述中错误的是（　　）。

A. 继承是面向对象编程的重要特性之一，它可以重复使用已经存在的数据（属性）和行为（方法），避免重复编写代码

B. 根据类来创建对象的过程被称为实例化。类将需要使用的变量和函数组合在一起，被称为封装

C. Python 语言不允许子类继承多个父类。如果父类定义了 _ _init_ _() 方法，子类必须显式调用父类的 _ _init_ _() 方法；如果子类需要扩展父类的行为，不可以添加 _ _init_ _() 方法中的参数

D. 继承指的是父子关系，子类继承父类的所有公有实例变量和方法

答案：C

解析：Python 语言允许子类继承多个父类，被称为多重继承。如果子类需要扩展父类的行为，可以添加 _ _init_ _() 方法中的参数。

第 14 章 SQLite 数据库编程基础

14.1 学习要点

（1）SQLite 数据库的概念；

（2）SQLite 数据库连接对象及表的 SQL 操作；

（3）SQLite 数据库应用案例。

14.2 对标内容

掌握 SQLite 数据库的创建与简单查询、数据库的连接与关闭、创建游标等操作，掌握游标对象的 execute()、fetchone()、fetchmany()、fetchall()、scroll() 和 close() 方法。

14.3 情景导入

Python 的 SQLite 数据库编程在许多真实的应用场景中有广泛的应用。

（1）个人财务管理：可以使用 Python 创建一个简单的个人财务管理应用程序，该程序使用 SQLite 数据库来存储和检索有关交易、账户和预算的信息。

（2）库存管理系统：经营一家小商店或在线零售业务，可以使用 Python 和 SQLite 数据库来跟踪库存、订单和销售数据。

（3）企业应用程序：小型企业可以使用 Python 和 SQLite 数据库来开发内部应用程序，如员工管理系统、任务跟踪工具或销售报告工具。

（4）博客平台：开发一个简单的博客平台，可以使用 SQLite 数据库来存储文章、评论和用户信息。结合使用 Python 的 Flask 框架与 SQLite 数据库，可以轻松创建这样的平台。

（5）数据分析工具：Python 的 pandas 模块可以与 SQLite 数据库结合使用，对小型数据集进行初步的数据清洗、分析和可视化。

总之，Python 的 SQLite 数据库编程具有简单性、易用性和灵活性，适用于从小型个人项目到大型企业应用程序的各种规模的项目。

14.4 SQLite 数据库的概念与操作

SQLite 是内嵌在 Python 中的轻量级、基于磁盘文件的数据库管理系统，不需要用户安装和配置服务器，支持使用 SQL 语句来访问数据库。

SQLite 是一个开源的关系型数据库，具有零配置、自我包含、便于传输等优点。当多个线程同时访问同一个数据库并试图写入数据时，每一时刻只有一个线程可以写入数据。

14.4.1　知识点详解

1. 关系型数据库

关系型数据库的数据存放于多个二维表中，在表中，称行为记录（record）、列为字段（field），一个数据库中可以包含多个表。

2. 访问和操作

访问和操作 SQLite 数据时，首先导入 SQLite3 库（内置），然后创建一个与数据库关联的 connection 对象，示例如下。

```
import sqlite3   #导入模块
conn=sqlite3.connect('d:/test.db')   #连接数据库
```

3.SQLite数据库连接对象及表的SQL操作

SQLite 是 Python 的内置模块，用 import sqlite3 引用后，访问 SQLite 的步骤如下。

（1）用 connect() 创建数据库连接对象 conn。

（2）若要对数据库进行创建新表、对表插入数据、修改及删除数据等操作，使用 conn.execute() 方法，使用 conn.commit() 提交。

（3）若要查询数据，先使用 conn.cursor() 方法创建游标对象 cur，再通过 cur.execute() 查询，然后调用 cur.fetchone()、cur.fetchmany()、cur.fetchall() 方法返回查询值。

（4）关闭 cur 和 conn 对象。

用 connect() 函数可建立数据库文件的连接对象，比如 conn。若不存在数据库文件，则新建数据库（如 d:/test.db）。

由于 SQLite3 并不是可视化呈现的，故可以使用第三方工具协助管理数据库，如 SQLlit Expert 软件。

成功创建数据库后，应在其中合理创建表。

建立数据库连接对象后，用数据库连接对象的 execute() 方法可执行 SQL 语句，对数据库及表实现创建、插入、修改、删除和查询操作。SQL 语句不区分大小写，可分行，关键字之间可使用空格分隔。

例 1：根据图 14-1 所示的数据类型，在 D 盘根目录下建立一个空数据库 test.db。并按图 14-1 所示的表结构，创建学生基本情况表 base。

名	类型	长度	小数点	允许空值(Null)	
学号	TEXT	10	0		主键1
姓名	TEXT	10	0		
性别	TEXT	1	0		
专业	TEXT	6	0	√	
生源	TEXT	6	0	√	
身高	INTEGER	0	0	√	
电话	TEXT	11	0	√	

图14-1　学生基本情况表

代码如下：

```
import sqlite3    #导入模块
conn=sqlite3.connect('d:/test.db')   #连接数据库
conn.execute('''CREATE TABLE base
(学号   TEXT(10)   PRIMARY KEY    NOT NULL,
 姓名   TEXT(10)   NOT NULL,
 性别   TEXT(1)    NOT NULL,
 专业   TEXT(6),
 生源   TEXT(6),
```

```
身高    INTEGER,
电话    TEXT(11));''')
```

SQLite3 表支持以下 4 种类型。

● 整数型（INTEGER）：有符号整数，按实际大小，自动存储为 1、2、3、4、6 或 8 字节，通常不需要指定位数。

● 实数型（REAL）：浮点数，以 8 字节指数形式存储。可指总位数和小数位数。

● 文本型（TEXT）：字符串，以数据库编码方式存储（以 UTF-8 支持汉字）。

● BLOB 型：二进制对象数据，通常用来保存图片、视频、XML 文件等数据。

4. 创建表的SQL语句格式

创建表的 SQL 语句格式如下。

```
CREATE TABLE <表>(<字段元组>)
```

SQL 语句不区分大小写，但为与 Python 语言相区别，以大写表示。

设计表结构时，作为一种数据完整性约束，可指定某字段是否允许为空，若不允许为空，可用 NOT NULL 关键字加以限制。在大多数表中，往往会指定一个非空且唯一的字段作为主键（PRIMARY KEY，如学号），便于快速检索，通常将表按主键建立索引。

5. 常用SQL语句格式

与数据库连接对象 conn.execute() 方法相关的常用 SQL 语句格式如下。

添加数据：

```
INSERT INTO <表>(<字段元组>)  VALUES (<数据元组>)
```

修改数据：

```
UPDATE <表> SET <字段>=<值>
```

删除数据：

```
DELETE  FROM <表>  WHERE <条件表达式>
```

其他方法说明如下。

● fetchone()：从结果中取一条记录，并将游标指向下一条记录。

● fetchmany()：从结果中取多条记录。

● fetchall()：从结果中取出全部记录。

● scroll()：用于游标滚动。

例 2：编写程序，为例 1 创建的 base 表添加新生学号、姓名和性别 3 项非空数据。

```
import sqlite3    #导入模块
conn=sqlite3.connect('d:/test.db')  #连接数据库
while True:
    idd=input('请输入新生学号：(输入 0 退出程序)\n')
    if idd=="0":
        break
    name=input("请输入新生姓名：\n")
    gender=input("请输入新生性别：\n")
    #格式化构建 SQL 字符串
    SQL='''insert into base
(学号,姓名,性别)
values ('%s','%s','%s')'''%(idd,name,gender)
    #插入数据
    conn.execute(SQL)
    #提交事务
    conn.commit()
conn.close()
```

14.4.2 易错点

在格式化构建 SQL 字符串时应注意：values 后面的数据元组应与前面的表达式字段元组顺序一致，且 TEXT 类型的数据要加单引号定界符。

14.4.3 考题模拟

例 1 单选题

用下面的程序在 Python 中创建了 SQLite 数据库和数据表，表中已有下图所示的数据。

rowid	name	price
🖓 Click here to define a filter		
1	西瓜 ⋯	4.5
2	香蕉	2.5
3	苹果	2.5
4	梨	1.5

```
import sqlite3
conn=sqlite3.connect('d:/fruit.db')
```

```
cur=conn.cursor()
conn.execute("INSERT INTO fruit VALUES(' 橘子 ',4.5)")
conn.execute("INSERT INTO fruit VALUES(' 葡萄 ',2.5)")
conn.commit()
conn.execute("DELETE FROM fruit WHERE price=2.5")
conn.commit()
cur.execute('SELECT * FROM fruit')
conn.close()
```

执行完上述程序后，数据表中还剩下多少条数据？（　　　）

A. 6　　　　　　B. 5　　　　　　C. 4　　　　　　D. 3

答案：D

解析：与数据库连接对象 conn.execute() 方法相关的常用 SQL 语句如下。

添加数据

```
INSERT INTO < 表 > VALUES (< 数据元组 >)
```

删除数据

```
DELETE FROM < 表 > WHERE < 条件表达式 >
```

所以在已有 4 条数据的基础上，添加了 2 条数据，共有 6 条数据，又删除了 price 为 2.5 的 3 条数据，最后剩下 3 条数据。

例 2　单选题

根据下图所示的数据类型，在 D 盘根目录下建立一个空数据库 buyfruit.db，按下图所示的表结构，创建一周水果购买情况记录表 base。

一周水果购买情况记录表					
字段名	类型	长度	小数点	是否允许空值	是否为主键
编号	INTEGER	0	0		
水果名	TEXT	10	0		√
单价	REAL	0	1	√	
重量	REAL	0	2	√	
总价	REAL	0	1		
购买时间	TEXT	20	0	√	

下列说法中不正确的是（　　　）。

A. 实数型（REAL）：浮点数，以 8 字节指数形式存储，不可指定位数，只能指定小数位数

B. 整数型（INTEGER）：有符号整数，按实际大小存储，通常不需要指定位数

C. 文本型（TEXT）：字符串，以数据库编码方式存储

D. 上述表结构中，设置"编号"为主键更合理

答案：A

解析：实数型（REAL）为浮点数，以 8 字节指数形式存储，可指定位数和小数位数。故选项 A 不正确。

例 3 单选题

下列有关 SQLite 数据库中游标对象的方法中，哪一个方法用于从结果中读取一条记录，并将游标指向下一条记录？（　　）

A. scroll()　　　　　　　B. fetchall()

C. fetchmany()　　　　　D. fetchone()

答案：D

解析：scroll() 用于游标滚动；fetchall() 用于从结果中取出全部记录；fetchmany() 用于从结果中取多条记录；fetchone() 用于从结果中读取一条记录，并将游标指向下一条记录。

例 4 单选题

关于 SQLite 数据库，下列说法中哪一个不正确？（　　）

A. SQLite 是一个开源的关系型数据库，具有零配置、自我包含、便于传输等优点

B. SQLite 数据库中的数据存放于多个二维表中，在表中称列为记录、行为字段

C. 设计表结构时，可指定某字段是否允许为空，若不允许为空，可用 NOT NULL 关键字加以限制

D. 在大多数表中，往往指定一个非空且唯一的字段作为主键（PRIMARY KEY），便于快速检索

答案：B

解析：SQLite 数据库中的数据存放于多个二维表中，在表中称行为记录、列为字段。故选项 B 错误。

例 5　判断题

SQLite 是 Python 的内置模块，可用 import sqlite3 语句导入模块，其程序中编写的有关 SQL 的语句区分大小写，所以必须用大写的形式表示才行。（　　）

答案：错误

解析：SQL 语句不区分大小写，但为了与 Python 语言相区别，以大写表示。

例 6　编程题

使用 Python 的 SQLite3 模块完成以下问题。

（1）在 data.db 文件内创建一个学生成绩表 student（不考虑 data.db 的路径）。

（2）student 类中包含学号（num），类型为 INTEGER PRIMARY KEY；姓名（name），类型为 TEXT；成绩（grade），类型为 int；名次（rank），类型为 int。

（3）增加一条记录 (1,"lilei",100,50)。

程序如下，请补全程序。

```
import sqlite3
conn= _____①_____
cur = _____②_____
cur.execute("CREATE TABLE IF NOT EXISTS student(num INTEGER PRIMARY KEY
,name text,grade int,rank int)")
cur.execute("insert into student(_____③_____) values(_____④_____)")
_____⑤_____
cur.close()
conn.close()
```

答案（参考程序）：

```
import sqlite3
conn = sqlite3.connect('data.db')
cur = conn.cursor()
cur.execute("CREATE TABLE IF NOT EXISTS student(num INTEGER PRIMARY KEY,
name text,grade int,rank int)")
cur.execute("insert into student(num,name,grade,rank) values
(1,'lilei',100,50)")
conn.commit()
cur.close()
conn.close()
```

试题解析及评分标准：

① sqlite3.connect('data.db') 或等效答案（2分），连接数据库 data.db；

② conn.cursor() 或等效答案（2分），创建游标对象；

③ num,name,grade,rank 或等效答案（2分），设置字段元组；

④ 1,'lilei',100,50 或等效答案（2分），增加一条记录（1,"lilei",100,50）；

⑤ conn.commit() 或等效答案（2分），提交新数据。

14.5 SQLite 数据库应用案例

例 1 编程题

某次考试成绩存储在文件 cj.csv 中（见图 14-2），现将该文件数据存放到数据库中。同时显示 3 科成绩均在 100 分以上的同学及人数（见图 14-3），其中耿嘉骏同学的数学成绩是 84，登记时错写成 48，需要修正。小金同学编写了如下程序，请补全程序。

	A	B	C	D
1	姓名	语文	数学	英语
2	陈真涛	112	102	129
3	陶煜	104	110	124
4	高翔	119	103	128
5	朱雨馨	111	73	130
6	朱航	100	96	120
7	金晓薇	102	106	117
8	宣冰馨	107	84	120
9	傅若颜	84	58	132
10	陈佳鑫	110	97	120
11	马心怡	114	68	131
12	吴成承	94	76	108
13	黄子怡	98	77	126
14	徐徐	103	46	109
15	耿嘉骏	91	48	80
16	唐国洪	102	123	123
17	胡鑫瑶	113	61	106
18	郑雄豪	93	69	115
19	施雨露	88	41	93
20	杜佳倩	107	46	83
21	方未	92	62	123
22	胡微雅	93	56	110
23	方家璟	94	53	113
24	张杭婷	100	39	115
25	应祥瑞	83	63	93
26	陈佳斯	90	47	99
27	潘叶凯	91	41	80
28	叶鑫楠	84	77	74
29				

图 14-2 cj.csv 文件

```
import csv
import sqlite3
conn = sqlite3.connect('cj.db')
cur = conn.cursor()
conn.execute('''create table cj(name
text,Chinese int,math int,English int)''')
with open("_____①_____") as f:
    rows = list(csv.reader(f))
for i in rows[1:]:
    conn.execute("insert into cj
values('%s','%d','%d','%d')" %(i[0],
int(i[1]), int(i[2]), int(i[3])))
conn.execute("_____②_____")
```

('陈真涛', 112, 102, 129)
('陶煜', 104, 110, 124)
('高翔', 119, 103, 128)
('金晓薇', 102, 106, 117)
('唐国洪', 102, 123, 123)
语数英三科成绩均在100分以上的有5人

图 14-3 3科成绩均在100分以上的同学及人数

```
p=list(conn.execute("select * from cj where Chinese>100 AND math>100
AND English>100"))
for i in p:
    print(i)
print(f" 语数英三科成绩均在 100 分以上的有 {_____③_____} 人 ")
            _____④_____
conn.close()
```

答案（参考程序）：

```
import csv
import sqlite3
conn = sqlite3.connect('cj.db')   # 连接数据库
cur = conn.cursor()   # 通过建立数据库游标对象，准备读写操作
conn.execute('''create table cj(name text,Chinese int,math int,English
int)''')
with open("cj.csv") as f:
    rows = list(csv.reader(f))
for i in rows[1:]:
    conn.execute("insert into cj values('%s','%d','%d','%d')" %(i[0],
int(i[1]), int(i[2]), int(i[3])))
conn.execute("update cj set math=84 where name=' 耿嘉骏 '")
p=list(conn.execute("select * from cj where Chinese>100 AND math>100
AND English>100"))
for i in p:
    print(i)
print(f" 语数英三科成绩均在 100 分以上的有 {len(p)} 人 ")
conn.commit()
conn.close()
```

试题解析及评分标准：

① cj.csv 或等效答案（2 分），打开 cj.csv 文件；

② update cj set math=84 where name=' 耿嘉骏 ' 或等效答案（4 分），
修正耿嘉骏同学的数学成绩；

③ len(p) 或等效答案（2 分），输出语、数、英 3 科成绩均在 100 分以上的
人数；

④ conn.commit() 或等效答案（2 分），递交新数据。

例 2 编程题

小强建立了一个简易的学生成绩管理信息系统，使用 SQLite 进行数据的插入、查询和删除操作，每位学生的记录存储在 data.db 文件的数据表 STUDENT 中，该表包含 NAME、NUMBER 和 GRADE 3 个字段。程序运行时，输入操作代号，用户输入 1 表示插入记录，输入姓名、学号和成绩后，记录将添加到数据库中；用户输入 2 表示查询记录，输出所有学生的姓名，用户输入姓名后可查询详细的姓名、学号和成绩；用户输入 3，再输入要删除的学生的姓名，根据姓名对数据库中的记录进行删除。程序运行界面如图 14-4 所示。

```
1代表插入, 2代表查询, 3代表删除, 4代表退出
请输入操作代号: 1
请输入姓名: d
请输入学号: 202001
请输入成绩: 78
insert successfully!
1代表插入, 2代表查询, 3代表删除, 4代表退出
请输入操作代号: 2
所有学生姓名如下:
('d',)
('dahouzi',)
('mengmeng',)
('zhonghouzi',)
请输入需要查询的姓名: d
d 202001 78
select successfully!
1代表插入, 2代表查询, 3代表删除, 4代表退出
请输入操作代号: 3
请输入需要删除的姓名: d
delete successfully!
1代表插入, 2代表查询, 3代表删除, 4代表退出
请输入操作代号: 4
>>>
```

图14-4　学生成绩管理信息系统程序运行界面

程序如下，请在画线处填入合适的代码（本题无须运行通过，写入完整代码即可）。

```
import sqlite3
while True:
    code = input("1代表插入,2代表查询,3代表删除,4代表退出 \n请输入操作代号:")
    if code == '1':
        # 执行插入操作, 代码略
    if _____①_____:
        print(' 所有学生姓名如下: ')
        conn2 = sqlite3.connect('data.db')
        c2 = conn2.cursor()
```

```
            cursor = c2.execute("SELECT NAME  from _____②_____ ")
            for row in cursor:
                print(row)
            conn2.close()
            select_name = input("请输入需要查询的姓名：")
            conn3 = sqlite3.connect('data.db')
            c3 = conn3.cursor()
            cursor = c3.execute("SELECT  *  from  STUDENT  WHERE  NAME
    =? ",_____③_____ )
            for row in cursor:
                print(* row)
            print('select successfully!')
            conn3.close()
        if code == '3':
            delete_name = input("请输入需要删除的姓名：")
            conn4 = sqlite3.connect('data.db')
            c4 = conn4.cursor()
            cursor = c4.execute("DELETE from STUDENT WHERE NAME =?",(delete_
    name,))
                    _____④_____
            print('delete successfully!')
            conn4.close()
        if code == '4':
                    _____⑤_____
```

答案（参考程序）：

```
import sqlite3
while True:
    code = input("1 代表插入，2 代表查询，3 代表删除，4 代表退出 \n 请输入操作代号:")
    if code == '1':
        # 执行插入操作，代码略
    if code == '2':
        print(' 所有学生姓名如下： ')
        conn2 = sqlite3.connect('data.db')
        c2 = conn2.cursor()
        cursor = c2.execute("SELECT NAME from STUDENT")
        for row in cursor:
            print(row)
        conn2.close()
```

```
        select_name = input("请输入需要查询的姓名: ")
        conn3 = sqlite3.connect('data.db')
        c3 = conn3.cursor()
        cursor = c3.execute("SELECT * from STUDENT WHERE NAME
=? ",(select_name,))
        for row in cursor:
            print(* row)
        print('select successfully!')
        conn3.close()
    if code == '3':
        delete_name = input("请输入需要删除的姓名: ")
        conn4 = sqlite3.connect('data.db')
        c4 = conn4.cursor()
        cursor = c4.execute("DELETE from STUDENT WHERE NAME =?",
(delete_name,))
        conn4.commit()
        print('delete successfully!')
        conn4.close()
    if code == '4':
        break
```

试题解析及评分标准：

① code == '2' 或等效答案（2分），用户输入 2 表示查询记录；

② STUDENT 或等效答案（2分），输出所有学生姓名；

③ (select_name,) 或等效答案（2分），用户输入姓名后可查询详细的姓名、学号和成绩；

④ conn4.commit() 或等效答案（2分），递交新数据；

⑤ break 或等效答案（2分），代表退出。

第 15 章 Tkinter 模块的 GUI 设计

15.1 学习要点

（1）Tkinter 模块的概念；

（2）Tkinter 模块的常用组件。

15.2 对标内容

掌握 Tkinter 模块常用组件、窗体组件布局、用户事件响应与自定义函数绑定。

15.3 情景导入

Python 的 Tkinter 模块在许多真实的应用场景中有广泛的应用。

（1）GUI 应用程序：Tkinter 是 Python 的标准 GUI 模块，可以用于创建桌面应用程序。它可以用于开发各种类型的应用程序，如文本编辑器、图像浏览器、音乐播放器、游戏等。

（2）数据可视化：使用 Tkinter，可以创建各种图表和可视化效果，例如折线图、柱形图、饼图等，帮助用户更好地理解数据和趋势。

（3）数据库应用程序：使用 Tkinter 可以创建数据库应用程序，允许用户与 SQLite 或其他数据库进行交互。这可以用于管理数据库、查询数据、显示结果等。

（4）教育应用程序：教师可以使用 Tkinter 创建教育应用程序，例如交互式课程、练习题或评估工具。

 ## 15.4 Tkinter 模块的概念与常用组件

GUI 是指采用图形方式显示的计算机操作用户界面。与计算机的命令行界面相比，图形界面显得更加直观和简便。

Tkinter 是 Python 的内置 GUI 模块。使用 Tkinter 可以快速地创建 GUI 应用程序，而且 IDLE 也是用 Tkinter 模块编写而成的。

15.4.1 知识点详解

1. Tkinter创建图形界面

使用 Tkinter 创建图形界面时，首先使用 import 语句导入 Tkinter 模块，然后使用 tkinter.Tk() 生成一个主窗体对象。例如，创建一个没有组件的 GUI 程序，其测试效果如图 15-1 所示。

图15-1　没有组件的窗体

该例中生成的窗体具有一般应用程序窗体的基本功能，可以最小化、最大化或关闭，甚至可以使用鼠标调整其大小。其中设置窗体大小，可用 Tk 对象提供的一个方法 geometry()。为了使窗体中添加的组件能得到及时刷新，可用 Tk 对象提供的另一个方法 mainloop()。代码如下。

```
import tkinter        # 导入 Tkinter 模块
win=tkinter.Tk()     # 生成一个主窗体对象
win.geometry("250x130")   # 窗体大小
win.title(" 没有组件的窗体 ")
win.mainloop()       # 进入消息循环
```

2. Tkinter常用组件

Tkinter 的常用组件见表 15-1。

表 15-1　Tkinter 的常用组件

组件	名称	描述
Label	标签组件	可以显示文本和位图
Entry	输入组件	用于显示简单的文本内容
Text	文本组件	用于显示多行文本内容
Button	按钮组件	在程序中显示按钮

Tkinter 布局管理器能控制组件的位置摆放，提供 3 种布局方法（见表 15-2）。

表 15-2　Tkinter 布局管理器的布局方法

方法	功能
pack()	既可实现水平排列，也可实现垂直排列
grid()	按照行、列的方式摆放组件
place()	指定组件的绝对位置

15.4.2　易错点

Tkinter 模块中需要记忆的函数比较多，要加强练习与应用。

15.4.3　考题模拟

例 1　单选题

下面不属于 Tkinter 中常用组件的是（　　）。

A. Canvas　　　　　　B. Button　　　　　　C. Entry　　　　　　D. scatter

答案：D

解析：scatter 函数是 Matplotlib 中的散点图函数。

例 2　单选题

关于下列代码，说法正确的是（　　）。

```
from tkinter import *
root = Tk()
Button(root,text=' 按钮 1').pack(side=TOP,expand=YES,fill=X)
```

```
Button(root,text=' 按钮 2').pack(side=TOP,expand=YES,fill=X)
```

A. 两个按钮从上到下排列

B. 两个按钮从左到右排列

C. 当主窗体大小变化时，按钮大小不会发生改变

D. 两个按钮都在垂直方向填充

答案：A

解析：根据代码可知，pack(side=TOP,expand=YES,fill=X)，两个按钮从上到下排列，当主窗体大小变化时，按钮大小随之发生改变，两个按钮都在水平方向填充。

例 3 单选题

执行下面的程序，下列说法中正确的是（   ）。

```
import tkinter as tk
from tkinter import messagebox
root= tk.Tk()
root.title(' 演示窗口 ')
root.geometry("300x100+630+80")
btn1 = tk.Button(root)
btn1["text"]= " 点击 "
btn1.pack()
def call(event):
    messagebox.showinfo(' 窗口名称 ',' 点击成功 ')
btn1.bind('<Button-1>',call)
```

A. 窗口的名称为"点击"　　　　B. 窗口中有两个以上的按钮

C. 窗口内的按钮无法点击　　　　D. 按钮和 call 绑定

答案：D

解析：窗口的名称为"演示窗口"，窗口内按钮只有一个，按钮和 call 绑定在一起，当被单击时调用函数输出"点击成功"。

例 4 单选题

有如下 Python 程序，执行该程序，下列说法中正确的是（   ）。

```
def go(*args):
        print(comboxlist.get()) # 打印选中的值
    import tkinter as tk
```

```
root=tk.Tk() #构造窗体
comboxlist=tk.ttk.Combobox(root)
comboxlist["values"]=("1","2","3","4")
comboxlist.current(0)
comboxlist.bind("<<ComboboxSelected>>",go)
comboxlist.pack()
```

A. comboxlist 没有和任何事件绑定

B. comboxlist 下拉框中的选项有 0、1、2、3、4

C. 单击下拉框中的 1，1 会被输出打印

D. 下拉框不会显示在窗体中

答案：C

解析：根据程序可知，comboxlist 和 go 绑定，单击某个选项时，该内容会被打印。

例 5　单选题

运用 Python 的 Tkinter 模块，设计了一个下图所示的计算圆周长和面积的界面，其中标题"圆周长和面积计算"用以下哪个方法显示？（　　）

A. title()　　　　　B. geometry()　　　　　C. mainloop()　　　　　D. Text

答案：A

解析：方法 geometry() 用于设置窗体大小；方法 mainloop() 进入消息循环；Text（文本组件）用于显示多行文本内容。

例 6　单选题

运用 Python 的 Tkinter 模块设计一个求梯形面积的界面和程序，程序中自定义了若干个功能函数和按钮，其中要求单击"退出"按钮就能关闭界面窗口，单击"重置"按钮就能重置输入框中的数据，部分功能函数的代码如下。

```
def cancel():
```

```
        var_a.set('')
        var_b.set('')
        var_h.set('')
def tc_quit():
    win.quit()
    win.destroy()
```

以下哪个选项可以在"退出"按钮中正确调用功能函数？（   ）

A. btn_Cancel=tk.Button(win,text=' 重置 ',command=tc_quit)

B. btn_quit=tk.Button(win,text=' 退出 ',command=cancel)

C. btn_quit=tk.Button(win,text=' 退出 ',command=tc_quit)

D. tc_quit=tk.Button(win,text=' 退出 ')

答案：C

解析：题目要求单击"退出"按钮关闭界面窗口，所以在若干个按钮中应选择按钮显示为"退出"的、调用函数 tc_quit 的语句。

例 7 单选题

以下 Tkinter 的常用组件中，不能显示文本内容的是（   ）。

A. Label   B. Entry   C. Text   D. Button

答案：D

解析：Label（标签组件）可以显示文本和位图；Entry（输入组件）用于显示简单的文本内容；Text（文本组件）用于显示多行文本内容；Button（按钮组件）用于在程序中显示按钮。

例 8 单选题

运用 Python 的 Tkinter 模块，设计了一个计算圆面积的界面，截取了其中部分程序段，以下说法中错误的是（   ）。

```
lab=tk.Label(win,text=' 圆的半径: ',width=80)
ent=tk.Entry(win,width=100,textvariable=var_r)
btn=tk.Button(win,text=' 计算 ',command=calculate)
lab.place(x=20,y=40,width=80,height=20)
ent.place(x=120,y=40,width=80,height=20)
btn.place(x=100,y=80,width=50,height=20)
```

A. 界面中至少有一个输入框、一个标签和一个按钮

B. 标签 lab 和输入框 ent 的大小一样

C. 标签 lab 和输入框 ent 在界面中处于同一垂直线上

D. 按钮 btn 上显示的内容为"计算"

答案：C

解析：place() 方法可指定组件的绝对位置，x 设置组件到界面左边界的距离，y 设置组件到界面上边界的距离，所以标签和输入框在界面中处于同一水平线上。

例 9　单选题

使用 grid() 方法管理布局，需要将 Label 标签放入第一行第一列，正确写法是（　　）。

A. grid(row=0,column=0)　　　　B. grid(row=1,column=1)

C. grid(row=0,column=1)　　　　D. grid(row=1,column=0)

答案：A

解析：grid() 的方法中 column 为指定组件插入的列（0 表示第一列），row 为指定组件插入的行（0 表示第一行），故答案为 A。

例 10　单选题

```python
import tkinter as tk
window = tk.Tk()
window.title('Mywindow')
window.geometry('200x100')
var = tk.StringVar()
p= tk.Label(window,textvariable=var,bg='green',font=('Arial',
12),width=15, height=2)
p.pack()
on_hit = False
def hit_me():
    global on_hit
    if on_hit == False:
        on_hit = True
        var.set('You hit me!')
    else:
        on_hit = False
        var.set('I Love Python!')
b=tk.Button(window, text=' 点我 ', width=15, height=2,command=hit_me)
b.pack()
window.mainloop()
```

运行如上程序，单击按钮两次后，在文本框中显示的文字为（　　）。

A. You hit me!　　　　B. I Love Python!

C. You hit me!　　　　D. I Love Python!

　　I Love Python!　　　　You hit me!

答案：B

解析：Tkinter 程序执行两次，由于 on_hit 不断变化，第一次按下按钮为 if 的结果，第二次为 else 的结果，故答案为 B。

例 11　单选题

有如下程序：

```python
import tkinter as tk
window = tk.Tk()
window.geometry('300x150')
window.title('my first window')
var = tk.StringVar()
label = tk.Label(window, textvariable=var)
label.pack()
on_hit = False
def hit_me():
    global on_hit
    if on_hit == False:
        var.set('You hit me')
        on_hit = True
    else:
        var.set('')
        on_hit = False
button = tk.Button(window, text='hit me', width=15, height=1,
command=hit_me)
button.pack()
window.mainloop()
```

下列说法中不正确的是（　　）。

A. 程序运行时，窗体上有 1 个 Label 和 1 个 Button

B. Button 文字内容在 hit me 和 You hit me 间切换

C. hit_me 函数是按钮事件

D. 省略 window.mainloop() 不影响运行效果

答案：B

解析：Label 文字内容随着按钮的单击在空白和 You hit me 间切换。

例 12　单选题

有如下 Python 程序，执行该程序，下列说法中不正确的是（　　）。

```python
import tkinter as tk
window = tk.Tk()
window.title('ListBox')
window.geometry('300x350')
var1 = tk.StringVar()
label = tk.Label(window, bg='yellow', width=4, height=2,
textvariable=var1)
label.pack()
def print_selection():
    value = listbox.get(listbox.curselection())
    var1.set(value)
button = tk.Button(window, text='print selection', command=print_
selection)
button.pack()
var2 = tk.StringVar()
var2.set((11,22,33,44))
listbox = tk.Listbox(window,listvariable=var2)
listbox.pack()
listitems = [1,2,3,4]
for item in listitems:
    listbox.insert('end', item)
listbox.insert(1,'first')
listbox.insert(1,'second')
listbox.delete(1)
window.mainloop()
```

A. 当前窗口的名称为 ListBox

B. 当前窗口有一个按钮，名字为 print selection

C. 当前窗口列表框中只有 second 数据项

D. 当前窗口列表框中共有 9 条数据

答案：C

解析：根据 window.title('ListBox') 可知，窗口的名称为 ListBox。根据

listbox=tk.Listbox(window,listvariable=var2) 可知，列表中有 4 条数据，通过 for 循环又加入 4 条数据，然后在 1 的位置插入 first 和 second，又删除最后一次 1 处所指向的值。故答案选 C。

例 13 单选题

有如下 Python 程序，在下图状态下，单击"提交"按钮，文本框内显示的内容为（   ）。

```
import tkinter as tk
def show_selected_option():
    selection = variable.get()
    p={1:"篮球",2:"排球", 3:"足球"}
    label.config(text=f"最喜欢的运动是 {p[selection]}")
root = tk.Tk()
options = [("篮球", 1), ("排球", 2), ("足球", 3)]
variable = tk.IntVar()
for text, value in options:
    tk.Radiobutton(root, text=text, variable=variable, value=value).pack()
button = tk.Button(root, text=" 提 交 ", command=show_selected_option)
label = tk.Label(root, text="最喜欢的运动是什么？")
button.pack()
label.pack()
root.mainloop()
```

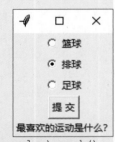

A. 最喜欢的运动是排球   B. 最喜欢的运动是篮球

C. 最喜欢的运动是足球   D. 最喜欢的运动是 2

答案：A

解析：本题创建了 3 个选项按钮，当前状态在第 2 个选项，提交后通过字典匹配，2 对应的是排球，故显示为"最喜欢的运动是排球"。

第16章　六级编程题案例及解析

 16.1　六级编程题要求

I 类题（10分）

知识内容：利用文件操作编程解决生活和科学、数学等学科中的现实问题。

II 类题（10分）

知识内容：利用类与对象编程解决生活和科学、数学等学科中的现实问题。

III 类题（10分）

知识内容：利用 SQLite 数据库编程解决生活和科学、数学等学科中的现实问题。

 16.2　案例模拟及解析

I 类题例题

钢筋问题：统计三角形数量及钢筋总长度。

某工程需要很多由钢筋组成的三角形，在文本文件 data.txt 中每一行的 3 个数字分别表示 3 根钢筋的长度（整数，单位为 cm，数字间用空格隔开），若这 3 根钢筋能组成三角形，要求统计并输出三角形数量及这些钢筋材料的总长度（若不能组成三角形则不对这些数据进行统计），文本文件数据如图 16-1 所示，程序运行界面如图 16-2 所示。

图16-1　data.txt文件

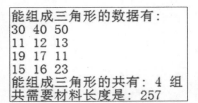

图16-2　程序运行界面

完成该任务的思路是：首先从文本文件 data.txt 中读取文本内容到变量 line，提取边长数据后，统计数据并输出结果。

相关程序如下，请补全程序。

```
def readfile(filename):
    f = open(filename,encoding = "utf-8")
    m=[]; n=[]; k=[]
    line = f.readline()
    while line:
        x=line.strip().split(" ")
        m.append(int(x[0]))
        n.append(int(x[1]))
        k.append(int(x[2]))
        _____①_____
    f.close()
    return m,n,k
def triangle(x,y,z):       # 判断数据 x、y、z 能否组成三角形
    flag=False
    if _____②_____ :
        flag=True
    return flag
a,b,c=readfile("_____③_____ ")      # 读入文件
n=len(a); count=0; sum=0
print("能组成三角形的数据有:")
for i in range(n):
    if _____④_____ :
        sum+=a[i]+b[i]+c[i]
        print(a[i],b[i],c[i])
        count+=1
print("能组成三角形的共有:",count,"组")
print("共需要材料长度是:",sum)
```

答案（参考程序）：

```python
def readfile(filename):
    f = open(filename,encoding = "utf-8")
    m=[]; n=[]; k=[]
    line = f.readline()
    while line:
        x=line.strip().split(" ")
        m.append(int(x[0]))
        n.append(int(x[1]))
        k.append(int(x[2]))
        line = f.readline()
    f.close()
    return m,n,k


def triangle(x,y,z):      # 判断数据 x、y、z 能否组成三角形
    flag=False
    if x+y>z and x+z>y and y+z>x:
        flag=True
    return flag
a,b,c=readfile("data.txt")     # 读入文件
n=len(a); count=0; sum=0
print(" 能组成三角形的数据有 :")
for i in range(n):
    if triangle(a[i],b[i],c[i]):
        sum+=a[i]+b[i]+c[i]
        print(a[i],b[i],c[i])
        count+=1
print(" 能组成三角形的共有 :",count," 组 ")
print(" 共需要材料长度是 :",sum)
```

试题解析及评分标准：

①　line=f.readline() 或等效答案（3 分），读取下一行数据；

②　x+y>z and x+z>y and y+z>x 或等效答案（2 分），判断 x、y、z 能否组成三角形；

③　data.txt 或等效答案（2 分），读取实际文件 data.txt；

④　triangle(a[i],b[i],c[i]) 或等效答案（3 分），用自定义函数 triangle() 判断三边能否组成三角形。

II 类题例题

工资管理：编写简单的工资管理程序，系统中包含工人（worker）和经理（manager），所有员工都有工号、姓名、本月工资等属性。

其中，工人具有工作小时数和时薪的属性，工资计算方法为基本工资 + 工作小时数 × 时薪；经理具有固定的月薪，计算方法为固定月薪。

根据以上要求设计类，显示员工的信息和工资情况，运行结果如下。

```
工号:001, 姓名:King, 本月工资:10000
King 的月薪是: 10000
工号:002, 姓名:Lily, 本月工资:20000
Lily 每天的工作时长:10 小时
Lily 的月薪是: 20000
```

请补全程序。

```python
class Person():
    def _ _init_ _(self,id,name,salary):
        self.id = id
        self.name = name
        _____①_____
    def str(self):#查看对象, 触发执行print 语句
        msg = '工号:{}, 姓名:{}, 本月工资:{}'.format(self.id,self.name,
self.salary)
        return msg
class Worker(Person):
    def _ _init_ _(self,id,name,salary,hours,per_hour):
        super()._ _init_ _(id,name,salary)
        self.hours = hours
        self.per_hour = per_hour
    def getSalary(self):
        money = self.hours * self.per_hour
        _____②_____
        return _____③_____
class Manager(Person):
    def _ _init_ _(self,id,name,salary,time):
        super()._ _init_ _(id,name,salary)
        self.time = time
    def getSalary(self):
        return self.salary,self.time
```

```
worker = Worker('001','King',2000,160,50)
sal = worke.getSalary()
print(worker)
print('King 的月薪是: {}'.format(sal))
manager = Manager('002','Lily',20000,10)
_____④_____ ,  work_time  = manager.getSalary()
print(manager)
print('{} 每天的工作时长 :{} 小时 '.format('Lily',_____⑤_____))
print('Lily 的月薪是: ',sal)
```

答案（参考程序）：

```
class Person():
    def _ _init_ _(self,id,name,salary):
        self.id = id
        self.name = name
        self.salary = salary
    def str(self):#查看对象，触发执行print 语句
        msg = ' 工号 :{}，姓名 :{}，本月工资 :{}'.format(self.id,self.name,
self.salary)
        return msg
class Worker(Person):
    def _ _init_ _(self,id,name,salary,hours,per_hour):
        super()._ _init_ _(id,name,salary)
        self.hours = hours
        self.per_hour = per_hour
    def getSalary(self):
        money = self.hours * self.per_hour
        self.salary += money
        return self.salary
class Manager(Person):
    def _ _init_ _(self,id,name,salary,time):
        super()._ _init_ _(id,name,salary)
        self.time = time
    def getSalary(self):
        return self.salary,self.time
worker = Worker('001','King',2000,160,50)
sal = worker.getSalary()
print(worker)
print('King 的月薪是: {}'.format(sal))
```

```
manager = Manager('002','Lily',20000,10)
sal,work_time = manager.getSalary()
print(manager)
print('{} 每天的工作时长 :{} 小时 '.format('Lily',work_time))
print('Lily 的月薪是：',sal)
```

试题解析及评分标准：

① self.salary = salary 或等效答案（2分），定义变量 self.salary；

② self.salary += money 或等效答案（2分），工资计算方法为基本工资 + 工作小时数 × 时薪；

③ self.salary 或等效答案（2分），把薪水 return 出去，便于后续方法调用时使用；

④ sal 或等效答案（2分），Manager 的 getSalary 方法 return 出来两个内容，需要两个变量来接受，print 语句中打印的是 sal，此处用 sal 来接收工资；

⑤ work_time 或等效答案（2分），这是返回后接收的变量，用于接收 Lily 的工作时长，而不再是 self.time。

Ⅲ类题例题

考试成绩处理：将某班级的期末考试成绩存放于 data.db 数据库文件的 score 数据表内，部分学生成绩如图 16-3 所示。

现要求求出 english 成绩大于 80 分的所有学生的总分平均分，并输出结果，请补全程序。

	xm	chinese	math	english
	过滤	过滤	过滤	过滤
1	成静	61	91	78
2	吴文文	66	86	75
3	刘文静	98	85	64
4	巩明娟	72	84	81
5	王荣荣	78	72	64
6	纪亚婷	76	71	80

图16-3 部分学生成绩

```
import sqlite3
conn=sqlite3.connect("data.db")
cur=conn.cursor( )
sql="select * from score _____①_____ "
```

```
cur.execute(sql)
_____②_____
conn.commit()
cur.close()
conn.close()
zf=0
for i in range(len(list1)):
    zf+=sum(_____③_____)
pjf=zf/len(list1)
print("english 大于 80 分同学的总分平均分是 ",pjf)
```

答案（参考程序）：

```
import sqlite3
conn=sqlite3.connect("data.db")
cur=conn.cursor()
sql="select * from score where english >=80"
cur.execute(sql)
list1 =cur.fetchall()
conn.commit()
cur.close()
conn.close()
zf=0
for i in range(len(list1)):
    zf+=sum(list1[i][1:])
pjf=zf/len(list1)
print("english 大于 80 分同学的总分平均分是 ",pjf)
```

试题解析及评分标准：

① where english >=80 或等效答案（3 分），english 成绩在 80 分以上的所有学生；

② list1 =cur.fetchall() 或等效答案（3 分），检索查询结果中的所有行，返回列表；

③ list1[i][1:] 或等效答案（4 分），统计第 i 行的第 2 个及后面的元素之和。